JN226482

船しごと、

海しごと。

商船高専キャリア教育研究会 編

KAIBUNDO

読者へのメッセージ

本書『船しごと，海しごと。』は，船の仕事について知りたい，やってみたいという欲求に応える本です。船や海にまつわる話を，そして，「船を舞台に船舶職員として働く」ための道筋を系統立てて示してあります…… として初版が刊行されてから約10年が経ちました。

当初，読者として想定していたのは，全国に5校ある商船学科を持つ高専の商船学科の学生たちでした。いまでは，その学生たちの保護者をはじめ，商船学科を目指す中学生にも読者の層は広がっているものと思われます。しかも，本書が日本図書館協会選定図書に選ばれてからは，お近くの図書館に行けば赤い表紙の本書を手に取っていただけるようになりました。とはいえ，本の内容は1日1日と古くなってまいります。そこで，この度，二訂版を編纂することになり，初版本の巻頭から巻末まで改めて内容の見直しを行うとともに，数値やデータなども更新いたしました。

さて，現実にこの本をどのように活用しているのか，私の例で書いてみます。私は現在2年生の担任をしております。入学とともに教科書としてこの本を購入してもらい，「基礎セミナー」というオムニバス授業で読み合わせを学生たちといたします。その講義で彼らのほとんどは，「船に乗りたい，船を動かしてみたい」という動機で入学してきたと言っておりました。

この本によって，「船に乗り，動かす」ためには免許が必要であることを学びます。その免許も，まずは筆記試験があり，学生時代に2級，さらに1級の合格が望まれていることを知ります。また，外航船であれば乗り合わせるチームは20数名で，そのほとんどがフィリピンなどの外国人であること，スタッフとのコミュニケーションや外部との通信やドキュメントも英語であることを知り，毎回5点刻みでスコアが出るTOEICを受験することが望まれていることを知ります。つまり，この本を読んだ学生は，外航船乗りになるには「まずは海技試験，次にTOEICのスコアを上げる」と即座に答えるようになるわけです。

しかし，「海技試験の筆記もそこそこ合格し，TOEICスコアもある程度取ったら，次は何をするべきなのか？」と聞くと，ほとんどの学生が答えられない現実があります。その答えは，「業界研究」もしくは「会社研究」ではないでしょうか。「船乗りになりたい」だけでなく，現実に「どんな船会社があり，その船会社が動かしているのはどの船種で何隻持っているのか。そして，どの船会社を目指すべきなのか」を自ら調査することなのです。

この本の構成は初版と同様に，≪キャリア教育読本≫として商船学科の学生のロングホームルームで活用できるように，第1講から第6講は1年生，第7講から第12講は2年生，第13講から第16講は3年生が利用することを念頭に置いて執筆されています。

また，業界研究，会社研究に興味を持ち出した4年生，5年生の要求に応えられるよう編纂されています。船会社の成り立ちやつながり，資本金をはじめ，初版でも好評でした「先輩からのメッセージ」「先輩からの一言」もリニューアルし，より学生の年齢に近い商船学科OB，OGたちからのメッセージも更新いたしました。最終講では「就活のための履歴書の書き方」まで載せてあります。

二訂版の編纂に際しては，本当に多くの方にご協力いただきました。最後に，快く原稿を書いていただいた商船学科OB，OGのみなさん，その執筆を会社として後押ししていただいた船会社のみなさま，全般にわたり支えていただいた海文堂出版編集部の岩本登志雄氏に感謝申し上げまして，読者へのメッセージとさせていただきます。

2018年4月

二訂版編纂委員を代表して　岩崎 寛希

目　次

＊コラム

＊学校紹介

「仕事」って何だろう？

宮林茂樹・伊藤友仁

みなさんの多くは船乗りになりたくて高専の商船学科に入学してきたのだと思う。とにかく船が好きで船に関連する仕事について知りたい場合は，後の講でたくさん紹介されているので，そこを参考にしてほしい。人によっては，就職がよいから商船系高専にきたという人もいるだろう。いずれにせよ，将来に夢を持って入学してきたはずだ。この本にはあなたの夢を実現するために知っておくべきことが一杯詰まっている。

学校を卒業したら当然のように就職をするけれど，就職とは「仕事」を得て会社などに勤めることだ。しかし，ここで少し立ち止まって考えてほしい。「仕事」って何だろう。ある辞書には「生計を立てるために従事する勤め。職業。」とあるが，本当だろうか。海上保安庁の保安官は，生計を立てる目的で，遭難者を救出するために荒れ狂う海に出て行くのだろうか。

1　何のために「仕事」をするの？

そこで少し考えてほしいのだが，どうして大人はみんな「仕事」をしているのだろう。カッコいいクルマを買うため，レストランで美味しいものを食べるため，良い生活をするため，家族のためなどが考えられる。基本的にはその通りだ。しかし，世の中にはただ生活のためだけではなくて，「モノづくりの仕事が楽しくてしかたないから」というエンジニアや，「人々の生命と安全を守るため」に働くという使命感に燃えた海上保安官，自衛官もいるはずだ。何が幸せかという問題の答えについては一概に言えないが，人間は幸せを求めて「仕事」をするのではないだろうか。あるいは，「豊かな生活」を求めているといってもいいだろう。

あなたが就職活動するときに，就きたい職業，やりたい「仕事」を探すことになるのだが，そのときに自分が「仕事」についてどのように考えているかを知っていることが重要だ。面接で聞かれても戸惑わずにすむ。そこで，これから説明する「仕事」に対する考えについて，自分にいちばん近いタイプはどれかを見つけてみよう。あるいは，よくわからない場合は，あなたのご両親や身近な大人はどのタイプなのかを考えてみるといい。きっと，やりたい「仕事」を見つけるときに役に立つ。

(1) 生活のため

■ 野武士タイプ

蜂須賀小六という人物を知っているだろうか。戦国武将で，豊臣秀吉が木下藤吉郎と名乗っていた時期に仕えた野武士だ。野武士というのは，決して猛々しく，たくましい存在ではない。今日は織田方に味方をし，明日は武田方に与（くみ）するというように，生き残るためには強い者に味方するし，落ち目の者に対しては裏切りも辞さないというように生きることに必死なのだ。

すなわち，このタイプは生活のために「仕事」をするというあきらめの気持ちを持ち，「仕事」が好きか嫌いか，自分の人生においてどのような意味を持っているのかなど考えることなく，生活のためと割り切って「仕事」をする。生きていくための最低限の「お金」を得るため，とにかく働かなければならないのだ。現代では，非正規雇用で生計を立てている人たちがこのタイプに近いだろう。

■ 傭兵（ようへい）タイプ

藤堂高虎（とうどうたかとら）は，織田・豊臣・徳川などに仕えた戦国武将で，それぞれの主君のもとで手柄をあげた。とくに秀吉の死後，次の天下人は家康であると考え接近し，関ヶ原や大坂夏の陣で目を見張る武功をあげた。自分の領地を保障してくれる者のために「一生懸命」ではなく，「一所懸命」に働いたのだ。

このタイプは，「仕事」は生活のためと割り切っているが，もらえる給料の分だけ働くという考えを持っている。いわゆる「give and take」の考えかただ。だから，もらえる給料以上のことをしようとは思わないが，もらえる給料の分だけはキッチリと「仕事」をするというプライドを持っている。「仕事」以外に自分のしたいことを持っている場合，勤務時間は生活費を稼ぐ時間であり，アフターファイブは自分の好きなことをする時間と考えているわけだ。自分の好きなことをやるための最低限の生活費さえ稼げればいいと思っているので，残業は決してしない。芸人の下積み時代というのは，このタイプに属するだろう。

(2) 喜びのため

■ 情熱家タイプ

伊能忠敬を知っているだろうか。そう，日本全土の地図を作成した江戸時代の人だ。もともとは商人だったが，50歳のとき隠居し，それから天文観測・測量学を勉強し，日本全図を作成するという偉業を成しとげた。最初は自己の私財をなげうって測量事業を完成させようとしたが，後に幕府がその有益性を認め国家プロジェクトとしたのだ。

このタイプは，「仕事」は生活を支えるためのものではなく，自分の情熱を捧げるもの，周りの人が喜んでくれるのでやり遂げるべきものと考えている。自分も「仕事」をしていて楽しいし，周りの人も楽しくなるので，情熱を持って「仕事」に打ち込むことができる。あるいは一つの「仕事」を成し遂げたときの充実感がたまらなく好きなので「仕事」に没頭できるのだ。スポーツキャスターで元プロテニスプレーヤーの松岡修造氏はこのタイプではないだろうか。

■ 求道者タイプ

上杉謙信は武田信玄と川中島で死闘を繰り返しながらも，敵に塩を送ったということで有名だ。毘沙門天の化身と称して，戦を芸術の域にまで高めたといえるほどの戦術家・戦略家だった。約70回の合戦で負けたのは北条氏康との生野山合戦の1回だけとされている。領土的野心という「利」から戦をしたことは一度もなく，自己の正義感・信念である「義」に基づいて戦をした戦国武将だった。

このタイプは「仕事」の目的を，あたかも修行僧・求道者のように，その真理を追究することに置く。その道を究めることに喜びを感じるという「昔ながらの職人」によく見られるタイプだ。「仕事」の結果にはこだわりを持ち妥協しないし，「仕事」そのものにプライドを持っている。当然，本人も「仕事」に打ち込めることに喜びを感じているし，周りの人もその「仕事」の結果には満足して喜びを感じることになる。「仕事」のためには日々の生活も規則正しく自分を律して，羽目を外すこともない。海外で活躍しているスポーツ選手に多いタイプだ。

■ 遊び人タイプ

高杉晋作は幕末の長州藩の武士だったが，上海行きのお金を長崎で遊びに使ってしまう放蕩児で，「三千世界のカラスを殺し，主と朝寝がしてみたい」というどどいつも彼の作とされている。また，第14代将軍の徳川家茂が将軍として初めて上洛（入京）した際も，その行列に向かい「イヨッ！征夷大将軍！」と声をかけるという具合で，彼にとっては倒幕も遊びの一つではなかったのかと思える。

このタイプは，遊んでいるのだか「仕事」をしているのだかよくわからないところに特色がある。いうならば，遊びと「仕事」が一体化しているということだ。楽しいから遊んでいるのだが，同時にそれは「仕事」もしていることになっている。子どもは決して一つの遊びにこだわることはなく，楽しければ色々な遊びをするだろう。すなわち，このタイプの人は，色々な方面に才能を開花させることになる。漫才師・タレント・映画監督など多方面で活躍している北野武氏はこのタイプに属するかもしれない。

(3) 社会のため—使命感

■ 伝承者タイプ

松平容保（まつだいらかたもり）は，幕末の動乱の京都で京都守護職として徳川宗家（そうけ）を扶（たす）けた。藩（はん）祖（そ）の保科正之（ほしなまさゆき）は，第3代将軍家光より「徳川宗家を頼む」と言われ，「会津家訓十五箇条」を著し，自分の子孫に対して将軍家を守護することを義務づけた。最後の会津藩藩主である容保はこの家訓に忠実に第15代将軍慶喜（よしのぶ）を扶けるため，混乱を極めた京都において京都守護職という火中の栗を拾ったのだ。

このタイプは，先祖代々受け継いできた「仕事」を先祖のため子孫のためにやり遂げることに使命感を感じている。見かたを変えれば，その使命感から「仕事」を行っていくということになる。その「仕事」を自分の代で辞めることはご先祖様に申し訳がないと考えているのだ。また，自分が先祖より受け継いだ「仕事」は，その子孫に引き渡していかねばならないとも考えている。歌舞伎などの伝統芸能の世界にこのタイプの人は多い。

■ ミッション完遂タイプ

山岡鉄舟（てっしゅう）は，剣・禅・書の達人であり，勝海舟，高橋泥舟（でいしゅう）とともに「幕末の三舟」と呼ばれた。江戸城無血開城は勝海舟と西郷隆盛の会談により実現されたが，その会談の下交渉を行ったのがこの山岡鉄舟だった。敵であふれ返っている東海道を幕臣である鉄舟は「朝敵（ちょうてき）徳川慶喜の家来，山岡鉄太郎，まかり通る！」と大音声に駿府（すんぷ）まで単身駆け抜け，西郷と面談し開城の基本的条件を合意したのだ。

このタイプは，宗教家などに多く見られる，自己の使命を完遂することに「仕事」の意義を認めるところに特色がある。自分の「仕事」を天職と感じ，その完遂は世を救い人を救うことになると信じ，自己の使命と感じるのだ。使命と仕事が一致しているため，「仕事」以外のことは雑事とみなし，その完遂に妨げになるものは敢然（かんぜん）と切り捨てる。命をかけて世界の紛争地帯で取材するジャーナリストがこのタイプに属するだろう。

■ **狂信者タイプ**

吉田松陰は，幕末の思想家であり，松下村塾で伊藤博文，井上馨など明治の元勲（げんくん）を育てた。西洋兵学を学ぶため江戸へ遊学した際，藩に無断で旅行をしたため投獄され，またペリー来航の際にはアメリカへの密航をくわだて投獄され，老中間部詮勝（まなべあきかつ）の暗殺を計画したと自供し投獄され，欧米による日本侵略という危機を感じ狂ったように行動し，30歳の若さで刑死した。

このタイプは，社会のためならば狂信者のように一つの「仕事」に没頭し，周りが見えなくなってしまう。仕事中毒というのにふさわしく，生活の中心は「仕事」であり，寝ても覚めても「仕事」のことばかり考えている。自分の「仕事」が社会のためになるとして，寝食を忘れて没頭するのだ。国のため，社会のため，会社のためという使命感に突き動かされて「仕事」をする。したがって，「仕事」が終わりその使命が達成されたときは，燃え尽きたように感じ，何もする気が起きなくなり，まるで廃人のようになってしまう。日本の高度経済成長を支えた「企業戦士」と呼ばれた人たちがこのタイプに属する。

2　自分に合った「仕事」を探そう

何のために「仕事」をするのか，漠然とでも考えることができただろうか。

苦労して就職活動して入社した企業を数カ月で辞めてアルバイト生活を余儀なくされたり，正規採用されなかったら大変だ。最初の一歩からつまずかないように，慎重に「仕事」を決めなければならない。それでは，どうやったら好きなことを「仕事」にすることができるのだろうか。あるいは，停年まで勤め上げられる自分に合った「仕事」を見つけられるのだろうか。

(1) 天職って何だろう

世の中には天職と呼ばれている「仕事」がある。天職とは，天・神が命じた職業，あるいは自分の性格に最も適合した職業をいう。生き生きとして船を操る航海士や機関士だとか，寝食を忘れて研究に没頭する研究者などを見ていると，天職というものを感じる。

では，天職はどうやって見つけるのだろうか。昔，青い鳥症候群というものが流行った。メーテルリンクの童話「青い鳥」でチルチルとミチルが幸せの青い鳥を求めてさまようことが，理想の「仕事」を求め転職を繰り返すことに似ているので「青い鳥症候群」と命名された。最近では，有名なサッカー選手が「自分探しの旅」などと称して世界を彷徨（ほうこう）するということを行ったため，「自分」を探し回る若者が増えたことがあった。これらの人たちは，青い鳥や本当の自分や天職が意外にも自分のすぐ傍にあることに気がついていないだけなのだ。自分の周りを注意深く見回してみてほしい。きっと，天職を見つけることができる。

(2) 好きなことが仕事にできたら幸せ

世の中には，自分の好きなことをそのまま「仕事」としている人がいる。海がとても好きで船員になった人とか，小さい頃から船が好きで造船会社で設計をしている人とかだ。こういった人たちは「仕事」をすることが好きで好きでたまらず，決して働くことが苦になることはないのだろう。

あなたも，好きなことに夢中になっていてハッと気がついたらとても長い時間が経過していたという経験は1回や2回あるだろう。そのように自分の熱中できる，夢中になれることを「仕事」にできたらどんなに幸せだろうか，想像してほしい。ワクワクするはずだ。実は，天職とは自分の好きなことを「仕事」にすることなのだ。天職を見つけられれば幸せになることができ，「豊かな生活」をおくることができるのだ。

(3) 好きなことを仕事にする方法

それでは，好きなことを「仕事」にするにはどうしたらいいのだろうか。自分の好きなことがはっきりしている人は問題ない。しかし，好きなことと言われてもすぐに答えが出てこない人のほうが多いだろう。そういう人は，子どもの頃に何に夢中だったかを思い出してみたらどうだろう。カッコいい船長の制服にあこがれていた，船の絵を描くのが上手くてよく誉められたとか，いろいろあることだろう。思い出せないだろうか。では，お母さんなどに「子どもの頃，私は何をよくしていたの？」と聞いてみてほしい。お母さんなら，よく覚えているだろう。

ところで，海や船が好きだからといって，外航船の航海士や機関士になることはとても難しい。たくさん専門の勉強をしなければならない。でも諦めてはいけない。何も海・船が好きだからといって，航海士や機関士にならなければならないというわけではないのだ。海・船の周辺にはいろいろな仕事がある。船舶管理，海洋調査，港湾運送に関する仕事，造船所での仕事，漁業取締船や漁業調査船の乗組員，観光釣り船のおやじ，商船高専や水産高校の先生，クリスチャン・R・ラッセンのような海洋絵画のアーティストなど。このような「仕事」に就けば海・船と一生かかわっていくことができて，海・船の好きな人にとっては幸福な時間となるはずだ。

あなたが「仕事」を決めるときには，好きなことを基準のひとつとしてはどうだろう。就職する会社を決めるときは，給料が高いだとか勤務時間が短いなどの労働条件や一流企業・有名企業だからなどという世間体にとらわれることなく，好きなことを基準にするということだ。たとえ，安い給料でも，厳しい勤務条件でも，好きなことをやっていれば苦にはならないだろう。

また，好きなことの周辺の「仕事」に就けば，将来好きなことを「仕事」にするときにきっと役に立つ。だから，焦らずにその「仕事」を将来のための勉強だと思って一生懸命やってほしい。給料をもらいながら勉強させてもらうという感覚だ。

いままで「仕事」なんて，真剣に考えたことがなかっただろう。いいのだ，それが普通だから。しかし，この講を読んで，「仕事」に対して自分の考えを持つことが重要であることがわかっただろう。これで，将来自分の「仕事」を少し楽に選ぶことができるのではないだろうか。

学校紹介　鳥羽商船高等専門学校

学校全景

本校は「ジェントルマンシップ・レディシップ豊かな人間であること。創造性豊かな技術者となること。国際性豊かな社会人となること。」を教育目標とする，商船高専のなかで最も歴史のある学校です。1881（明治14）年，東京攻玉社分校鳥羽商船黌として「近藤真琴翁」によって創設されました。近藤真琴翁は福沢諭吉などと並び称される明治六大教育家の一人で，主に数学・工学および航海術の分野で活躍され，岩崎弥太郎とともに日本における商船教育の創始者です。

練習船「鳥羽丸」

本校には船舶職員養成を主目的とする商船学科（航海コース・機関コース）と，工業系の電子機械工学科と制御情報工学科（これらの学科を「本科」という）があります。本科は1学年120人規模で，2017年度の本科在学生は666名です（商船学科実習生と海外からの留学生を含む）。

三重県出身者が大多数を占めていますが，学生寮もあり（入寮許可制），愛知県，大阪府，静岡県，岐阜県，奈良県，兵庫県，東京都など，各地の出身者が在籍しています。

学生は，専門科目を中心とした学業だけでなく，課外活動や学生会活動，寮生会活動などにも積極的に参加しています。近年では3高専ロボコン全国大会への出場や，高専プログラミングコンテストで文部科学大臣賞（最優秀賞）に輝くなど，めざましい活躍を遂げています。その他，各種コンテストに参加し，数多く受賞しています。また，全国商船高等専門学校漕艇大会では，カッター競技で幾度となく全国制覇を果たしています。校内行事も海学祭（文化祭），体育祭などがあります。

2005年度から，より高度な教育を実施する専攻科（本科卒業後の2年間の専門教育課程）を設置しました。商船学科を基盤とする海事システム学専攻，工業系学科を基盤とする生産システム工学専攻の2専攻があります。専攻科を修了すると4年制大学卒業と同等の「学士」の学位が授与されます。

歴史と伝統に培われた本校は，社会に貢献できる人間の育成とともに，今後もより一層，地域と社会への貢献を目指して邁進していきます。どうぞご期待ください。

沿革
1881年　東京攻玉社分校として，鳥羽商船黌開校。
1899年　鳥羽町立鳥羽商船学校となる。
1911年　三重県立鳥羽商船学校となる。
1951年　国立鳥羽商船高等学校となる。
1967年　国立鳥羽商船高等専門学校となる。
2004年　独立行政法人国立高等専門学校機構鳥羽商船高等専門学校となる。

［問い合わせ先］学生課入試・支援係
〒517-8501　三重県鳥羽市池上町1-1
TEL 0599-25-8404　FAX 0599-25-8077
http://www.toba-cmt.ac.jp/
gakusei-nyushi@toba-cmt.ac.jp

人びとの暮らしを育む海と船

遠藤 真・岩崎寛希

地球表面の多くは海に覆われ，いくつかの大陸が海に浮かぶように存在している。海が大陸に暮らす人の営みを支え，海をわたる船が複数大陸の人びとの生活をつなげている。この講では，船のフィールドである海と地球について学び，海をわたる船について解説する。

1　地球：「水の惑星」

地球はいくつかの大陸と海からなり，表面の7割は海であり，「水の惑星」といわれている。海で隔てられた大陸に暮らす人びとの生活をつないでいるのが船である。船がわたる海の気象や海象について，また，海の担っている役割について紹介する。

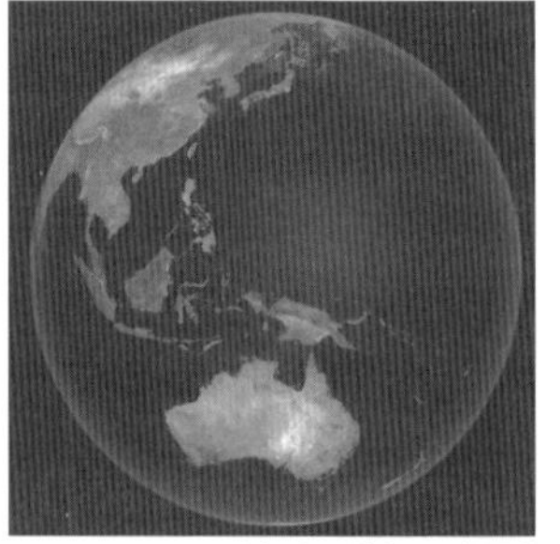

地球：「水の惑星」

(1) 海上の卓越した風：「貿易風」と「偏西風」

世界の海の上で一定方向に吹く気流があり，「貿易風」と「偏西風」と呼ばれている。

空気は温度が上がると軽くなる性質がある。赤道付近は日差しが強く，空気は熱せられて上昇し，亜熱帯域に移動・下降し，亜熱帯高圧帯を形成する。

亜熱帯高圧帯から低圧部となった赤道付近に吹き込む気流が貿易風であり，地球の自転の影響を受けて東風となる。亜熱帯高圧帯が緯度の高い地域に向かって吹き出す気流は地球の自転の影響を受けて東向きとなり，偏西風となる。

貿易風と偏西風は赤道と極との地球規模の熱循環を担い，定常的な風速と風向が海流を生成し，大洋を帆船でわたる際に利用する代表的な風ともなっている。

(2) 地球規模の循環流：「海流」

海水は絶えず動いているが，世界の海には一定方向に流れ，地球規模で循環している流れがあり，「海流」と呼ばれている。流量が多く，流速も速い代表的な海流は東シナ海を北上して日本近海を流れる黒潮や，カリブ海とメキシコ湾を経由して北大西洋を流れるメキシコ湾流などである。海流の発生要因は赤道近海で太陽の光により暖められた海水が北極と南極に向かって流れることや，偏西風や貿易風などの海面上の卓越した風の摩擦運動によるものがあり，海流の流れる向きは海底地形や，地球の自転の影響を強く受けている。海流は熱や栄養分を地球規模で循環させており，メキシコ湾流はイギリスなどヨーロッパの高緯度地域を温暖な気候に保つのに寄与しており，水温が低いために栄養に富みプランクトンが豊富な寒流は，日本の三陸沖などのように，暖流と接する海域に豊かな漁場を形成している。

(3) 海の役割

地球全体の視点からも海は重要であるといわれているが，海の何が重要なのか？ 海が担っている地球全体における役割を整理して紹介する。

■ 光合成による酸素の供給と炭素の固定化

太陽光の届く海中には多くの植物プランクトンや海藻が生息しており，光合成により二酸化炭素を吸収し，酸素を海中に放出し，炭水化物やタンパク質を生成する。炭素は生物の死骸やサンゴ礁となって海中に固定化される。海は地球上の酸素の1/2～2/3を供給しているのである。また，サンゴなどの海洋生物の死骸の堆積物が石灰岩であることから，海は地球上の二酸化炭素の大部分を吸収・固定化しているのである。

■ 海流による地球全体の熱循環

海流は広い海において熱を循環させ，暖かい地域と寒い地域との熱交換を行い，地球全体の気温を平均化し，安定化させる機能を果たしている。

■ 人類への食糧の供給

海には植物プランクトンや海藻，動物プランクトン，小魚から大型の魚，そして，クジラまで，多種多様な動植物が生息し，食物連鎖でつながった生態系を形成している。これらの海の動植物は60億人を超える人類の貴重な栄養源となっている。

これらの海の担っている機能のひとつでも壊れたら，地球自体が回復不可能な打撃を受け，人類生存の危機に至ることは明らかである。海洋環境の保護と保全は，単純な保護運動のひとつではなく，人類を含む地球全体の生態系を維持していくために必要不可欠なのである。

2　なぜ，船が昔から使われ，世界一大きな乗り物になったのか？

沼や川，海があるところでは，昔から，必ず船が使われていた。また，現代の世界最大の船は幅が約60メートル，長さが約350メートルである。なぜ，昔から船が人や荷物を運ぶ道具として使われ，そして，300メートルを超える大きな船が作られ，壊れもせずに動いているのか？ この理由について考えてみる。

世界最大の動物といわれているクジラが海に住み，暮らしている。一番大きなクジラはシロナガスクジラであり，その体重は100～120トン，体長は30メートルを超える巨大な動物である。クジラは人間と同じ哺乳類であり，その祖先はカバやウシと同じ偶蹄類（ぐうているい）の四ツ脚のイヌのような姿をした哺乳類といわれている。この同じ祖先が海で進化したら巨大なクジラになり，陸で進化したらカバになったのはなぜなのか考えてみる。

同じ祖先から進化したカバとクジラ

クジラが大きくなった理由はふたつあると考えられる。

クジラは一日に自分の体重の3～4パーセントの餌，すなわち，約100トンのクジラは3000キログラム以上の餌が必要といわれている。海にはこの大きな体を育て，維持できる量のプランクトンや小魚などの餌が豊富にある。クジラが大きくなり得た理由のひとつである。

水中のクジラは100トンを超す大きな体重を均一に働く浮力により優しく支えられ，軽くなり，また，移動する際の抵抗も少ない。クジラが大きくなり得たもうひとつの理由は，海では大きく重い体が浮力で支えられ，少ない力で簡単に移動でき，プランクトンや小魚などの餌の捕食が容易に行えることである。

このふたつの海の特性がクジラを世界最大の動物に進化させたと考えられる。そして，このふたつめの海の特性が，船が昔から使われ，世界最大の移動体となる船を生み出した理由でもある。

水中の船体には均一な浮力が働き，重量を支え，移動に伴う抵抗も小さい。海では人や荷物を積んだ重く大きい船体は浮かび，小さな推進力で移動できるのである。この船の移動体としての大きな特徴は「象が乗った小舟でも，小指で動かすことができる。」などと表現されており，このことが船を人と物を運ぶ最初の道具とし，船を世界一大きな移動体にしたのである。

象が乗った小舟でも，小指で動かすことができる。

3　船で広がった世界，船は何を運んで来たのか？

人は水に浮かべる舟や船を作り，川や海で使い，海について学び，10世紀を超える沿岸航海の経験などが造船技術と航海技術の向上を促した。人の知る世界が船により拡大し，大陸と大洋の存在が認識されるようになった。アジアの産物がヨーロッパに陸路でもたらされ，冒険家の言葉がアジアへの興味をかき立て，アジアの産物を海路により手に入れるための航路開発が求められた。15世紀後半にはスペインとポルトガルを中心とした大航海時代を迎え，新航路や新大陸の「発見」が続いた。1487年にはバーソロミュー・ディアスが喜望峰を越え，アジアへの東廻り航路の可能性を示唆した頃，クリストファー・コロンブスはスペインから西に進めばジパング（日本），カタイ（中国）とインドに到達すると信じ，1492年にパロマの港を出発し，アメリカ大陸を「発見」するに至った。1498年にはバスコ・ダ・ガマは喜望峰経由でインドに達し，1519年にフェルディナンド・マゼランは初めての世界一周を成し遂げた。

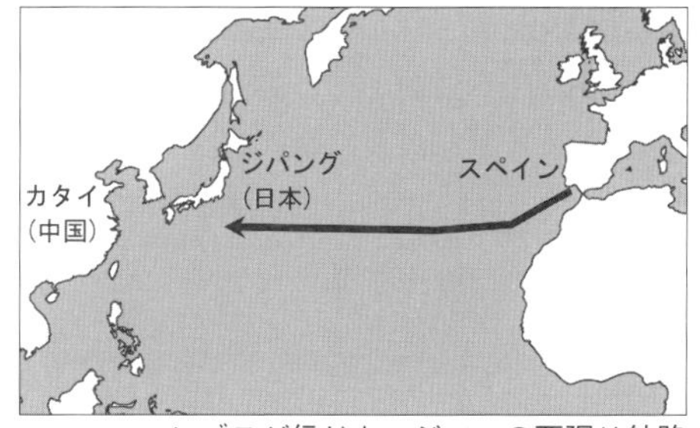

コロンブスが信じたアジアへの西廻り航路

コロンブスの業績はアメリカ大陸の「発見」だけではなく，ヨーロッパになかった新大陸の食料，物品，習慣をヨーロッパに，新大陸になかったヨーロッパの食料，物品，習慣を新大陸に紹介し，歴史上の重大で革新的な文化交流をもたらしたことである。

コロンブスが運び，ヨーロッパに紹介した代表的なものはゴム，トウモロコシ，ドイツの主食となっているジャガイモ，トマト，イチゴ，唐辛子，落花生，アボカド，パイナップル，西洋料理に不可欠なインゲン豆，チョコレートの原料のカカオ，バニラ香料の素のバニラ，いまでもマラリア治療に用いられるキニーネの素であるキナ，新大陸の住民が寝るのに使っていたハンモックや巻いた葉の煙を鼻から吸い込んでいたタバコなどである。

現在，世界中に普及しているこれらの食材や習慣はコロンブスがもたらしたものであり，1492年以降のヨーロッパ，アジアなどの旧大陸と南北アメリカの新大陸との間の植物，動物，習慣などの交流をコロンブス交換と呼んでいる。昔，船は人と物を運ぶだけでなく，文化も運んでいたのである。

4 現代の船は何を運んでいる，どんな船か？

現在の日本において，船は，生活を支えるエネルギーである発電所の燃料，天然ガス，ガソリンなどの石油化学製品を運び，小麦，野菜，肉，キノコなどの食料品を運び，学用品，衣類などの加工品も運んでいる。国内で消費する品目の輸入依存度の例をあげると，エネルギー原料は9割以上，伝統食品である味噌，醤油，豆腐，納豆の原料である大豆も9割以上，うどんやパンの原料の小麦粉は約9割，衣類原料はほぼ100パーセントであり，船を使ってこれらを輸入している。まさしく船は，世界中の国と国を結びながら，世界中の人びとの生活を支えている。

また，世界にはまだ飲料水に事欠く地域があり，飲料水不足の地域へ，長さ80メートルを超える大きなゴム袋を使って飲料水を運んでいる船もある。阪神大震災のとき，陸上交通が破壊されたが，震災の翌日から，船は水，食料，医療機器，医者，建設機材を運んでいた。

現代の船は世界中の人びとの生命線となっている。

現代の代表的な船のいくつかを以下に紹介する。

(1) 客船(Passenger Ships)

客船は「船の華」と呼ばれ，陸上のホテル以上の豪華な設備，施設が装備されている。観光のためのクルーズ客船や，旅客と自動車を運ぶカーフェリーなどがある。地中海などのヨーロッパ周辺，カリブ海やアジアをクルーズする客船が多く，世界中の海運会社が最新鋭の豪華客船を運航している。

客船「飛鳥Ⅱ」(撮影：中村庸夫)

造船設計技師の英語表記はShip DesignerではなくNaval Architect（海の建築家）である。上部構造物を含む客船の大きさと美しさから，Architectと呼ばれる理由も納得できる。

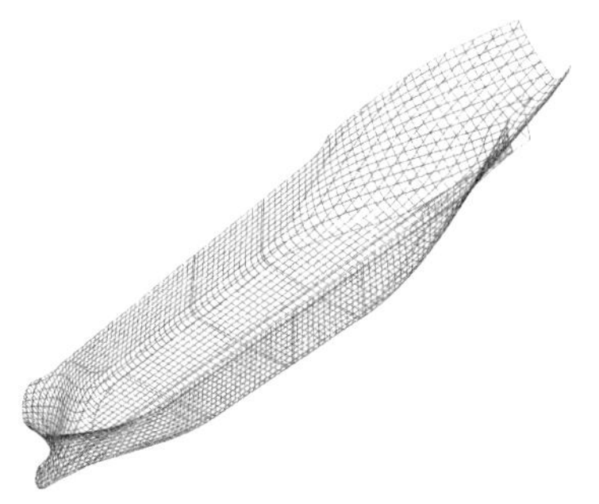

水線下船体の3次元流線形状

浮力や推力など，船の移動体としての機能のほとんどは人の目から見えない水線下の船体が担っており，その船体は人造物で最も美しい曲面をしているともいわれている。水線下の船体は自重を支える浮力を生む容積を保持しながら，可能な限りの抵抗減少を目指した3次元流線形状の美しい曲面で構成されている。

(2) 原油タンカー（Crude Oil Carriers）

原油を運ぶ専用船であり，複数の区画に仕切られたタンク状の船倉を持ち，船側と船底を二重構造化して，座礁および衝突時の原油流出を最小限に抑えるための構造となっている。船長が300メートルを優に超える原油タンカーはVLCC（Very Large Crude (oil) Carrier）と呼ばれ，一度に日本国内の消費量の半日分に相当する30万トンの原油を運ぶことができる。エネルギーのほとんどを外国からの輸入に頼る日本にとって，なくてはならない重要な船であり，中近東などの産油国と日本との間でピストン運航されている。

原油タンカー「ISUZUGAWA」
（提供：川崎汽船）

(3) コンテナ船（Container Ships）

衣類や電気製品などの生活雑貨から危険物まで多種多様な貨物を国際規格のコンテナに収納して運ぶ高速な貨物船である。

陸上輸送の規格コンテナを使用した輸送単位の共通化により，荷役時間の短縮と船艙積載効率の向上を行い，加えて，航海速

コンテナ船「NYK VENUS」
（提供：日本郵船）

力の高速化による輸送時間の短縮により，船舶の貨物輸送効率を飛躍的に向上させ，国際貨物の海陸一貫輸送という大変革をもたらした船種である。アメリカのトラック運送会社オーナーのマルコム・マクリーンが考案し，1957年に最初のコンテナ船が就航した。

世界中の海運会社がコンテナ荷役設備の充実したシンガポール，台湾，韓国，北米，ヨーロッパの定期航路に，多くのコンテナ船を就航させている。

(4) LNG船(Liquefied Natural Gas Carriers)

LNG船「AL BIDDA」(提供：商船三井)

天然ガスを液化した液化天然ガス(LNG；Liquefied Natural Gas)を運ぶ専用船である。メタンを主成分とする天然ガスはマイナス162度の超低温で液化し，体積が気体の1/600となる。LNG船はこの性質を利用して，大量の天然ガスを輸送するものである。LNG船は約240万戸の家庭が消費する1カ月分の天然ガスを一度に輸送している。エネルギーのほとんどを外国からの輸入に頼る日本にとって，なくてはならない重要な船のひとつである。

天然ガス産出国であるインドネシア，オーストラリア，マレーシア，中近東諸国などの航路に就航している。

(5) 自動車専用船(Pure Car Carriers)

自動車専用船「DRIVE GREEN HIGHWAY」(提供：川崎汽船)

全体が屋内駐車場のような構造をしている自動車を運ぶ専用船である。自動車の荷役は専門ドライバーの自走により，そのためのランプウェイが船側に装備されており，最大7500台程度の乗用車の積み込み作業は1日半程度で終わるといわれている。船内は何層もの甲板で構成され，バスなどの大型車両が積載できるように，甲板高さを調節できる機能も有している。13層の甲板を有する7500台積みの大型船もあり，日本の完成車を全世界の港に輸送している。

5 まとめ

貨物を運ぶ軽トラック，大型トラック，鉄道と大型タンカーが1トンの貨物を運ぶのに必要なエネルギーと，1km運ぶ際の二酸化炭素発生量を比較する。船が環境に優しい輸送手段であることがよく理解できる。船の必要エネルギーは軽トラックの1/1700，鉄道の1/70であり，二酸化炭素発生量は軽トラックの1/30，大型トラックの1/6である。

輸送手段とCO_2発生量

輸送手段	馬力/トン（推測値）	CO_2発生量※（g-CO_2/トンキロ）
自家用貨物車（軽トラック）	170	1209
営業用貨物車（大型トラック）	12	227
船舶（大型タンカー）	0.1	39
鉄道	7	23

※http://www.mlit.go.jp/sogoseisaku/environment/sosei_environment_tk_000007.html より

昔から，船は海，川，大気などの地球環境と共生しながら活動してきた。船は便利さと速さのために破壊した環境を少しでも守り，回復させるものかもしれない。海と共生しながら，船のフィールドで活躍するために，海と船について理解し，学び続けることを望むものである。

船を動かす人びと ―船員，海員，船舶職員の違い―

船を動かす人びとの呼び名には，本当にさまざまなものがある。船乗り，船員，乗組員，船頭，船方，水夫，船人（舟人），船舶職員，海員など，横文字ではクルー（crew），セーラー（sailor），マドロス（matroos［オランダ語］）が思い浮かぶ。「船乗り」の語は歴史的に古いものらしいが，「船員」や「海員」は比較的新しく，明治期以降に登場した用語だという。

これらは気分で使われたりすることもあるが，従事する仕事の中身や職務の権限や責任をあらわしており，必要に応じて使い分ける必要がある。ちなみに，船員，海員，船舶職員の3つについては，以下のように定義・説明されている。

＜船員法に基づく説明＞

船員：船舶に乗り組む船長，海員，予備船員の総称。

海員：船長以外の船舶乗組員。

予備船員：船舶に乗り組むために雇用されているが，他の職務や休暇などで船舶に乗り組んでいない者。

職員：航海士，機関長，機関士，通信長，通信士など。

部員：職員以外の海員。

＜船舶職員及び小型船舶操縦者法に基づく説明＞

船舶職員：船長，航海士，機関長，機関士，通信長，通信士。船舶職員になろうとする者は，海技士の免許を受けなければならない。

ちなみに，商船高専は国土交通大臣によって「第一種船舶職員養成施設」に指定されており，商船学科では未来の船長・機関長が育成されている。

船乗りの魅力

横田数弘・斎藤 正・岩崎寛希

海運業は，人や荷物を運ぶことで，産業や暮らしを支えている。重量ベースで考えた場合，日本に輸入される品物のほぼ100％が船で運ばれてくる。航空機で入ってくる貨物は，ほんのわずかの量でしかない。船で荷物を運ばなければ，日本経済はまったく機能しなくなってしまう。

この講では，社会的に重要な役割を担っている船乗りの魅力を伝えることをねらいとしている。大まかではあるが，船乗りに関するさまざまな話を率直に述べていきたい。また，船内組織についても簡単に紹介していくことにする。

1　激減した日本人船員

国土交通省海事局『海事レポート2016』によると，日本人船員数は2015年10月の段階で6.4万人ほどだという。そのうち，外国航路に乗る外航船員は2237人，日本国内の港と港をつなぐ船舶に乗る内航船員は約2.7万人，漁業船員は1.9万人，その他船員（はしけ，引船，官公署船に乗り組む船員など）は約1.5万人である。船員数が最高値を示したのは1974年だが，このときには約27.8万人が船に乗っていた。外航船員も約5.7万人を数えていた。

ちなみに，2017年段階の本務教員数は，小学校が約41.9万人，中学校が約25.0万人，高校が約23.4万人，大学（大学院含む）が約18.5万人，短大が約7.9万人，高専が4278人である（文部科学省『平成29年度 学校基本調査報告書』より）。船員数全体で見ても大学教員の半分以下であり，外航船員数は全国に国公私立64校しかない高専の本務教員数よりも2000人近く少ないのである。外航船員の知り合いがいる，というのはきわめて稀なことと言うしかない。

かつては，新潟県の村上，石川県能登半島の富来，長崎県島原半島の口之津，瀬戸内海沿岸など，日本各地に「船員輩出地域」があった。しかし，1973年の第1次オイルショック（石油危機）以降，海運業は厳しい経営を余儀なくされ，外航船では外国人船員を増やす一方，日本人船員を大幅に減らしていった。内航船の場合，自国民船員配乗という国際ルールに基づき，日本人船員だけを乗り組ませることになっているが，現在では高齢化が問題となっており，人手不足が心配されている。

こういった状況を改善するため，日本人船員の確保・育成などが2008年に国策として打ち出され，5年間で日本籍船の数を2倍に，10年間で日本人外航船員を1.5倍に増やそうということが海洋基本計画に盛り込まれた。この基本計画は5年毎に見直され，2013年には第2期計画として継承され，2018年度には第3期計画が打ち出されることとなっており，海洋振興や船員確保の政策は維持されている。

2　船内組織と船を動かす人びと

総責任者である船長の指揮のもと，船内組織は大まかに甲板部，機関部，司厨部の3つに分けられ，統制されている。甲板と機関両部には，海技資格を有する職員（船舶職員）と，職員の指示を受けて任務を遂行する部員が所属している。

かつては，無線通信を担当する無線部や，事務仕事を担当する事務部が置かれていた。無線部には通信長や通信士（いずれも海技資格を有する船舶職員）が，事務部には，庶務・経理・入出港時の書類作成などを受け持つ，事務長や事務員（いずれも海技資格を持たない職員）が配属されていた。現在では，これらの部の職員は配乗されないのが普通である（客船には配乗されることがある）。上記の任務は，航海士が兼ねることが一般的である。

京浜運河・大井埠頭

コンテナ船「GENOA BRIDGE」
（提供：川崎汽船）

タンカー「YOHTEISAN」
（提供：商船三井）

外航船の船内組織（ある日本の外航海運会社の例）

所属部署	階層	職名	英語表記職名	略称	日本語呼称	海技資格	主担当職務
船長	職員	船長	Captain (Master)	Capt.	キャプテン	一級海技士（航海）	船舶総責任者，航路選定，狭水道操船，離着桟操船
甲板部		一等航海士	Chief Officer (Chief Mate)	C/O	チョッサー	二級海技士（航海）	4～8時の航海当直と操船，荷役責任者
		二等航海士	Second Officer (Second Mate)	2/O	セカンドオフィサー	三級海技士（航海）	0～4時の航海当直と操船，航海計器とチャート関連
		三等航海士	Third Officer (Third Mate)	3/O	サードオフィサー	三級海技士（航海）	8～0時の航海当直と操船，ログブック，衛生管理者，C/O付き雑用
	部員	甲板長	Boat Swain (Bosun)	BSN	ボースン	なし	甲板部保守整備の長
		甲板手	Able Seaman	AB	エーブルシーマン	なし	舵取り，甲板部保守整備
		甲板員	Ordinary Seaman (Sailor)	OS	オーディナリーシーマン	なし	甲板部保守整備
機関部	職員	機関長	Chief Engineer	C/E	チェンジャー	一級海技士（機関）	機関部総責任者
		一等機関士	First Engineer	1/E	ファーストエンジニア	二級海技士（機関）	主機，潤滑油，バンカーオイル（燃料）
		二等機関士	Second Engineer	2/E	セカンドエンジニア	三級海技士（機関）	発電機，主ボイラ
		三等機関士	Third Engineer	3/E	サードエンジニア	三級海技士（機関）	補助ボイラ，船内電気系統・空調機器・冷凍機，1/E付き雑用
	部員	操機長	No.1 Oiler (Fitter)	FTR	ナンバン（フィッター）	なし	機関部保守整備の長
		操機手	Oiler	OLR	オイラー	なし	機関部保守整備
		操機員	Wiper	WPR	ワイパー	なし	機関部保守整備
司厨部		司厨長	Chief Cook	C/C	チーフコック	なし	調理業務の長
		司厨手	Cook (Second Cook)	CK	コック（セケンコック）	なし	調理業務
		司厨員	Mess Man	MSM	メスマン	なし	配膳，居室清掃

(1) 甲板部

甲板部は，船舶の運航・操船・荷役・通信・事務仕事を担当する。責任者は一等航海士であり，その下に二等航海士，三等航海士が付く。通常は，船橋（ブリッジ）で航海当直を行い，船長が指示した航路を忠実に守り，見張りをしながら操船する。また，航海士を助け，操船や荷役装置の操作を行う部員は，甲板長，甲板手，甲板員といった役職に分かれている。

航海中の当直は，航海士と甲板手がペアとなり，4時間毎の3交代で勤務に就く。甲板手は船橋当直の際，船長・航海士の指示を受け，舵を取る任務を担う。その場合は操舵手（Quarter Master）と呼ばれる。ドラマなどで，船長・航海士みずから舵を操作するシーンがあったりするが，実際にはそのようなことはしない。

船長は原則として航海当直を行わないが，狭水道や混雑海域，視界制限時，出入港時はみずから当直に立ち，操船（操舵手に指示）しなければならない。夜間当直においては，船長からの「Night Order Book」が命ぜられ，その命令に従って，航行することになる。

(2) 機関部

機関や船内諸設備を保守・点検する部署。機関長を筆頭に，一等機関士，二等機関士，三等機関士が船舶職員として所属し，部員には，操機長，操機手，操機員といった役職がある。主機（メインエンジン），補機（発電機），冷凍機，空調設備，ボイラ，ポンプなど，船内すべての設備・機器を運転・稼働させるとともに，これらの点検・整備を行っている。

甲板部と異なり，機関室の無人運転が可能なMゼロ船の場合，通常の勤務体制は昼間8時間である。Mゼロ船の場合，大洋航海中などは，夜間は故障診断装置や警報装置を作動させ，Mゼロ当番機関士を指名し，当直には入らない。しかし，船長が船橋で操船している場合には，必ず夜間当直に入る。Mゼロ船でも，機関の調子が悪い場合や，瀬戸内海や日本近海の太平洋側のように船舶航行量のきわめて多い海域の場合には，船長の指示に従って機関部は当直体制を組む。Mゼロ仕様の船であっても，そのように「運用」するかどうかは，機関長の「Mゼロにできます」との進言を受けた上で，船長が判断する事柄である。

商船の1日の燃料消費量はどのくらい？

大型船の主機はディーゼル機関であるのが普通であるが，燃料として用いられるのはC重油である。C重油は真っ黒で不純物が多く，ピーナツバターのようにドロドロだ。常温では燃料として使うことはできないので，ヒーターで暖めてサラサラの液状に仕立て上げ，ようやく「炊く」ことができる。

燃料消費量は9.9万総トンのディーゼルコンテナ船で，1日あたり220トンくらい。C重油が1トン4万円だとすると，航行中は毎日880万円の経費がかかることになる。機関長は，「省エネ運航」となるよう，常に経費削減に努めているという。

(3) 司厨部

乗組員の食事をつくる部署。一等航海士のもとに置かれることが多い（最終決裁は船長が行う）。船の厨房の長を司厨長と呼び，その下に司厨手や司厨員が付く。ちなみに，ある外航海運会社の船では，毎週日曜，洋食のフルコースディナーが供されるという。

3　船乗りの魅力

(1) 長期休暇が取得できる

船員は「休みが長い」職業だと聞いたことがある人も多いはずだ。確かに，一面の真実を言い表しているが，少し説明が必要だ。

年間の勤務と休暇のパターンはさまざまであるが，ある外航海運会社の場合，8カ月の乗船に4カ月の休暇の組み合わせが一般的だという。これに対し，陸上で働く一般会社員の1年間の休暇は，土日・祝日・お盆休み・年末年始の休暇などを考えると130日程度となり（ここに有給休暇は含めていない），船員の休暇日数とほとんど同じとみてさしつかえないだろう。

こう見てみると，陸上で働く人より休みが多いというわけでは決してない。連続した休暇をまとめて取るスタイルとなっているのである。

(2) 待遇が良く，給料が高い

商船高専の商船学科を卒業し，三級海技士の資格を得て，海運会社に勤務することになれば，それなりの給料と待遇が約束される。たしかに，船舶職員として外航船舶の運航に携われば，世間的な評価からすれば，「高給取り」ということになる（給与・待遇については第15講と第16講を参照してほしい）。

しかし，「カネに目がくらむ」だけではダメである。高給だけに魅力を感じたのなら，船乗りになるのは止めておいた方が良い。好条件で就職できるのは，海技資格を有するからであり，必要な技術の基礎をきちんと体得してきたからである。三級海技士を取得するための修業年限は決して短くない。時間をかけ，苦労して学んで，訓練を積んで取得することのできる国家資格である。一定の技術を保持する有資格者が相対的に少なく，稀少性があるからこその「高給」「好待遇」であることを忘れてはならない。努力を厭（いと）わない人でなければ，資格取得や船舶職員としての就職にたどりつくことはできない。地道に頑張っていけるかどうか，自分の胸に手を当てて考えてみてほしい。

(3) さまざまな土地に出かけることで視野が大きく広がる

船乗りになると，あちこちに出向いて仕事することになる。外航船員になれば，頻繁に外国に出かけることになるが，物見遊山の観光旅行では決してない。あくまでも仕事である。「無料で外国旅行に行ける」なんて，ゆめゆめ思わないように。

とはいうものの，心が浮き立つような得難い経験を積むことができるのは間違いないことだ。異文化に触れたり，自然の驚異を直に味わうのも船乗りの醍醐味だ。仕事を通して，視野が大きく広がっていく。地理の勉強を実地でするようなものであり，「目から鱗が落ちる」機会も多い。

(4) 公共性の高い価値ある仕事

日本の輸出入量は2016年で約9億4000万トンだが，輸送量のほぼ100%を海運が担っている。食料，エネルギー資源，鉄や木材といった原材料など，船が荷物を運んで日本に持ってこなければ，発電だって，ものづくりだって，日常の生活だって立ちゆかなくなるのである。眼前の任務を遂行することが，社会の安定・発展につながっている。

海運業は暮らしと経済を支える大動脈であり，社会的に重要な産業である。誰かが必ず担わなければならない，社会的に価値のある，公共性の高い仕事である。船乗りはそれを支えている。

4　おわりに

商船高専商船学科の卒業生は，三級海技士の筆記試験が免除される。卒業後の口述試験と身体検査に合格すれば，晴れて免許を取得することができる。船舶職員に限定される話ではないが，専門職に就いた場合，自己研鑽が常に求められる。海技に関する最新の知識や技術を貪欲に学び続ける必要がある。

また，船舶職員として就職した場合，所属部員に対して業務上の命令を発することになる。外航船の場合，部下となる部員は全員外国人であり，「使える英語力」が要求される。コミュニケーション能力全般を磨いておかねばならない。現場では，身体も頭もフルに使って任務を遂行していくことになる。専門的技量を発揮するのはもちろん，英語がしゃべれて読めて書けて，気を配って「あたりまえ」である。「高給取り」になるのも頷けよう。

このように書いてしまうと，仕事が苦しくて大変そうに見えるかもしれないが，専門職である以上，高い能力の発揮と「率先垂範」が求められるのは当然である。そのための努力を継続できるかどうかが肝心なのだ。

何よりも仕事自体が面白い。やりがいがあることは間違いのない話である。「船乗りの世界」に興味を持って，調べてみてほしい。「スマートで目先が利いて几帳面，負けじ魂，これぞ船乗り」だ。ぜひ，門を叩いて，より上級の海技資格取得に挑戦し，船で働いてもらいたい。あなたのはじめの一歩を心待ちにしている。

船に乗る愉しみ
—自然と異文化に触れながら仕事をする幸せ—

斎藤　正
富山商船高等専門学校機関科卒業
（元・富山商船高等専門学校商船学科助教）
（元・日本郵船株式会社機関長）

高緯度地域の波は本当に凄い。アリューシャンのアッツ島やキスカ島付近など，冬の北太平洋海域は荒れることで知られているが，4階建の校舎の高さを越える波が来る。波高15メートル，波長250メートルの大波だ。船も45度くらいは傾くことがある。フランスとスペインに挟まれた北緯45度のビスケー湾もよく時化た。また，ドイツのハンブルク港はエルベ川を遡ったところにあるが，川の水がシャーベット状に凍ってしまうので大変だった。主機の冷却水パイプに入ってくる氷を手作業で掃除し，掻き出しながら，船は進んでいった。

思いもかけず，心に残る瞬間に立ち会ったこともある。イタリア半島先端とシチリア島の間のメッシナ海峡は実に狭い。ここを通ったとき，街のあちこちの教会の鐘が時報を知らせ，これが船内にも響きわたった。これらに呼応して，街中の犬たちが吠えた。まるでイタリア映画のワンシーンのようだった。キリスト教文化が何なのかはよく分からなかったのだが，私は不思議議な感慨を味わうことができた。黒海航路を進む場合，アジアとヨーロッパを画すダーダネルス海峡とボスポラス海峡を通り抜けることになる

喜望峰（提供：郵船クルーズ）

が，ここも味わい深かった。イスタンブールの情緒ある街並みは船から間近にあり，西欧的近代化とイスラム文化が調和した様子を手に取るように眺めることができたからだ。

美しい港に入り，その街の風情や文化に触れ，美味しい食事をとることは，船乗りにとって待ち遠しいことである。心躍る風景に海側から迫っていく妙味がある。南アフリカのケープタウンは喜望峰の偉容と相まって，美港と呼ぶに相応しいところだし，何よりワインもステーキもすこぶる美味である。スウェーデンのイェーテボリは童話の世界のようだし，オーストラリアのシドニーは入り江もオペラハウスもとにかくきれいであるが，これも船に乗った者だけの役得と感じているところである。

スエズ運河（提供：日本郵船）

パナマ運河（提供：日本郵船）

運河を航行中の船から眺めるのも一興である。紅海からスエズ運河に入り，地中海に抜ける航路をよく通ったものだが，パイロット（水先人）が仕事をしないので困ったことがある。「マルボロ」のたばこを無償提供しないときちんと仕事をしない。だから「マルボロカナル」とのあだ名がついたぐらい。ムスリムの敬虔さに驚いたことは一度や二度ではないが，ここでは閉口したものだ。スエズ運河のカイロ側は灌漑で開墾された畑が広がりつつあった（シナイ半島側は砂漠）。パナマ運河はスエズよりも狭いところを通っていくが，熱帯雨林のなかを切り開いた運河であり，熱帯特有の身体にまとわりつくような熱気と湿気がある。何回も通ったがパナマに上陸したのはわずか1回しかない。

38年間を外航海運会社で働いてきたが，若い頃に係船要員としてノルウェーのフィヨルドのベストネス村に春・夏・秋と半年間滞在したことは今も鮮明に思い出す。一面が真っ黄色に芽吹いた，まさに絵のような麦畑の風景！ 定年を迎えた今，家族の面倒をみながら，時々あの場所はどこだったのかと地図を眺めるときがある。

船舶職員になるための方法

水井真治・木下恵介

1　船舶職員になるために

船舶職員とは，海に魅せられた人が海上で働くことに生きがいを感じてなる職業だ。仕事の魅力を説明するのは難しいが，非常に短い表現でまとめると次のようになる。

- 海という自然を相手にする，変化に富む，資格と経験をベースにした，島国日本にとって誰かがしないといけない重要な仕事
- 事務職と比較して若くても高収入が得られて，まとまった休暇がもらえる，普通のサラリーマンとは異なる仕事

具体的には，船長，航海士，機関長，機関士，ということになるだろう。これらの仕事に就くためのエッセンスをこの講ではまとめる。

(1) 船員と海運の重要性

世界の物の流れは人間の血液と同じように重要なものである。2016年，世界全体の海上荷動量は年間約110億トンであり，年々増加傾向にある。そのうち日本への輸入は約7.7億トン，輸出は約1.7億トンだ。世界の海上荷動量の約9%を日本の貿易で占めている。日本の海上貿易量の概要は次の円グラフのとおり

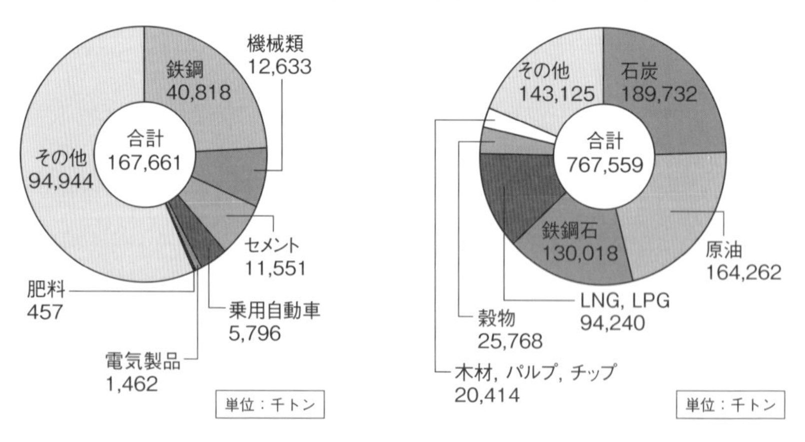

日本の輸出品目概要　　日本の輸入品目概要

である（国土交通省海事局『海事レポート（平成29年度版）』より）。

輸入品目は原油，石炭，鉄鉱石，LNGおよび穀物などであり，燃やすもの，加工して消費するもの，牛や豚などの家畜の飼料として消費するものが大半である。取引額でなく，日本発着の貨物重量という点から考えると，99％以上が海上輸送によって担われていることを知っておいてほしい。日本は，消費する物資以外を加工して他の国に購入してもらうことによって成り立っている，資源の少ない島国である。溢れる物資を購入し続けて，加工貿易で成り立っている。それを支えているのが海運であり，国民が豊かに暮らせるように絶えず物を輸送し続けるパイプラインの役割を担っているのが海運であろう。

(2) 船ってどんなもの？

仕事場であり，そして生活の場である船は，その目的と種類によって大きさと機能が異なる。たとえば，乗客を運ぶ客船やフェリー，貨物・原材料を運ぶ専用船，原油を運ぶタンカーでは，船の構造も大きさも違う。写真左のタンカーは長さが約330mもあり，サッカーのコートを3面も取ることができる。写真右の豪華客船は客室が184室あり，最大532人のお客を乗せられる。ホテルに例えれば，1フロアにシングルの部屋が18室ある30階建ての高層ホテルで，しかもどこでも自由に世界中を動き回ることができる。

タンカー「TAGA」（提供：日本郵船）

客船「にっぽん丸」（提供：商船三井客船）

このような大型の船舶があるかと思えば，タグボートという小型の船舶もある。この船は大型船を港の桟橋に着ける際，動きの鈍い大型船を助ける船だ。このタグボートがなければ，大型の客船や大型タンカーは港に入港し係留することができない。いわば「お助けマン」ボートである。

(3) 外航海運と内航海運

日本の海運は大きく分けると外航海運と内航海運に区分される。外航海運は外国と日本との海上輸送を担当する。豊かで物資に溢れた日本を支えているのは外国貿易である。この外国貿易のトン数ベースの99％以上を支えているのが外航海運である。外航海運の場合，スケールメリットがあるので，一般に船舶は大型で乗組員の数も多い。ただし，外航船舶については国際競争に打ち勝つために乗組員の大半は外国人船員でもよいことになっている。現在，日本がオペレーションしている船舶は約2400～2500隻，主に約4～5万人の外国人船員で運航されている。このうち日本国籍の船舶は約200～220隻のみで，日本人船員は2000人前後である。日本人船員の役割は，こうした多くの船舶と船員の管理者へと変貌を遂げている。

一方，内航海運は物資を仕分けして日本の各港に運ぶ役割がある。日本国内の物資の輸送の約4割を担っており，国民生活に欠かせない輸送手段（輸送モード）である。船舶は比較的小型であり，小回りの利く設計になっている。内航海運は外航海運と違い，乗組員はすべて日本人（一部の沖縄航路を除いて）である。日本人でなければいけないことが法律に明記されている。内航船舶においては団塊の世代の大量退職により船員が非常に不足しており，とくに若い船員が求められている。

2　船舶職員養成施設の概要

船長や機関長になるには，専門の教育を受けて国家試験に合格する必要がある。外航海運などの大型船舶の船舶職員を養成する機関として，国立の2つの商船系大学と5つの商船系高専がある。これらの教育機関を卒業すると三級海技士の筆記試験が免除され，口述試験に合格すれば，三級海技士が得られる。

かつて東京と神戸に2つの国立商船大学があった。現在，東京商船大学は東京水産大学と統合し「東京海洋大学海洋工学部」に再編され，神戸商船大学は神戸大学と統合し「神戸大学海事科学部」となった。東京海洋大学の海洋工学部は3つの学科により構成されている。このうち，海事システム工学科と海洋電子機械工学科のいずれかに入学しなければ海技資格は取得できない。4年間で必要な単位を取得し，さらに半年間の乗船実習科に進むと海技免状を取得するための乗船履歴がつき，三級海技士の筆記試験が免除される。卒業後，口述試験に合格すれば三級海技士の資格が取得できる。神戸大学海事科学部では3

つの学科のうち，グローバル輸送科学科またはマリンエンジニアリング学科に入学し必要な単位を取得する。半年間の乗船実習科進学以降は東京海洋大学と同じである。つまり，上記2つの商船系大学においては高校卒業後4.5年間で三級海技士の航海または機関の資格が取得できる。

一方，商船系高専では図に示すとおり，中学校を卒業後5.5年間でまったく同じ三級海技士の資格が取得可能である。商船系高専は，富山(富山県)，鳥羽(三重県)，弓削(愛媛県)，広島(広島県)，大島(山口県)の5校がある。この5つの商船系高専はそれぞれに商船学科があり，入学後，航海コースと機関コースに分かれる。それぞれ三級海技士(航海)，三級海技士(機関)の取得のための乗船履歴が付与され，筆記試験が卒業後に免除される制度は，上記の商船系大学とまったく同じである。商船系大学では海技資格取得のため，中学卒業後3年プラス4.5年の合計7.5年間が必要である。これと比較して商船系高専では中学卒業後5.5年間で同じ海技資格が取得できる時間的なメリットがある。

三級海技士を取得し，さらに外航海運に就職が内定すれば，それからさらに航海士や機関士としての乗船履歴をつけて上級の二級および一級海技士の資格を取得することが可能である。なお，現在は，一般大学や高専を卒業して海運会社に就職した者を，社内で独自に船員として養成するコースが設けられており，通称「新三級制度」と言われている。

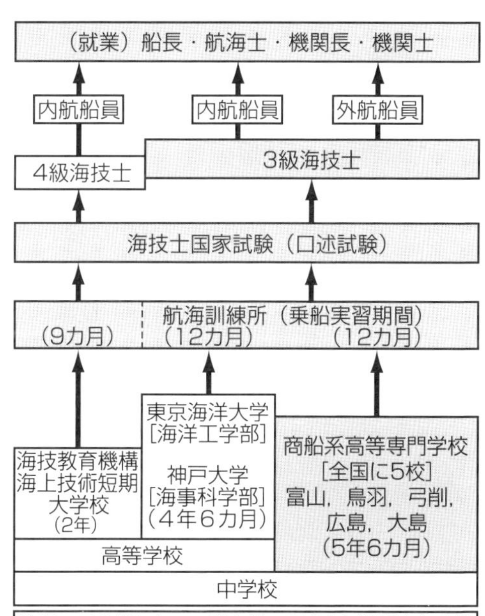

船舶職員養成施設の説明図

海技資格を取得するには，上記2つの大学と5つの商船系高専以外に，海上技術短期大学校・海上技術学校に進む道もある。

海上技術短期大学校は宮古(岩手県)，清水(静岡県)，波方(愛媛県)の3校がある。高校卒業後入学し，1年3カ月の教室での勉学と9カ月の乗船実習の後に，口述試験に合格すれば四級海技士の資格を取得できる。

海上技術学校は小樽（北海道），館山（千葉県），唐津（佐賀県），口之津（長崎県）の4校がある。中学卒業後，2年9カ月の教室での勉学と3カ月の乗船実習の後に卒業する。卒業後，さらに6カ月の乗船実習科に進むと（または船員として就職後，1年9カ月の乗船を経験），口述試験に合格すれば四級海技士の資格を取得できる。

これらの海上技術短期大学校および海上技術学校は内航海運の船舶職員の養成が主な目的であるが，卒業後，四級海技士の資格を取った後に，兵庫県芦屋市にある海技大学校へ入学し約2年間の勉学で三級海技士の資格を取得できるルートがある。なお，2つの商船系大学，5つの商船系高専は，卒業して資格を取得すれば，外航海運にも内航海運にも就職可能である。とくに，商船系高専からは外航海運にも内航海運にも就職実績がある。

上記の商船系の教育機関以外に，各県にある水産高校または海洋高校では，商船の船員養成が主目的ではないが，高校課程修了後2年間の専攻科に進学し三級海技士を取得することができる。三級海技士の取得にはこれが最短のルートである。

3　海技資格の概要

船長や航海士，機関長や機関士などの船舶職員になるためには海技資格が必要である。この海技資格は次の表に示すとおり，船舶の航行する海域，トン数，機関出力により，航海士および機関士それぞれ一級から六級のランクがある。

たとえば，三級海技士の資格があれば沿海区域の大型船舶の船長または機関長ができる。二級海技士の資格があれば近海区域の大型船舶の船長または機関長ができる。一級海技士は世界中に運航するすべての船舶の船長または機関長となれる資格である。

航行区域というのは，平水区域，沿海区域，近海区域および遠洋区域の4つに分けられる。平水区域は海岸からほぼ2海里以内の港内水域，沿海区域は概ね20海里以内の水域，近海区域は東経175度，南緯11度，東経94度，北緯63度の線により囲まれた水域であり，日本を含む東アジアや東南アジアの水域とみればよい。遠洋区域は大型船舶で航海できるすべての水域と考えてよいだろう。

海技資格（航海・機関）の簡単整理表

免 許 の 種 類	就業することのできる職務の例
一級海技士（航海）	遠洋区域の大型船の船長
二級海技士（航海）	遠洋区域の大型船の一等航海士 近海区域の大型船の船長
三級海技士（航海）	遠洋区域の大型船の二等航海士 沿海区域の大型船の船長
四級海技士（航海）	近海区域の大型船の二等航海士 沿海区域の5000トンまでの船の船長
五級海技士（航海）	近海区域の大型船の三等航海士 沿海区域の500トンまでの船の船長
六級海技士（航海）	沿海区域の200トンまでの船の船長
一級海技士（機関）	遠洋区域の大型船の機関長
二級海技士（機関）	遠洋区域の大型船の一等機関士 近海区域の大型船の機関長
三級海技士（機関）	遠洋区域の大型船の二等機関士 沿海区域の大型船の機関長
四級海技士（機関）	近海区域の大型船の二等機関士 沿海区域の出力6000キロワットまでの船の機関長
五級海技士（機関）	近海区域の大型船の三等機関士 沿海区域の出力1500キロワットまでの船の機関長
六級海技士（機関）	沿海区域の出力750キロワットまでの船の機関長

海技資格を取得するには次の3つの条件を満たさなければならない。

- 筆記試験に合格すること
- 必要な乗船履歴があること
- 口述試験に合格すること

筆記試験はたとえば二級の場合，航海については航海，運用，法規，英語の4科目，機関については機関（その一），（その二），（その三），執務一般の4科目がある。乗船履歴は海技資格の6つのランクごとに必要な経験年数が細かく決められている。口述試験は知識と経験，海事技術者としての能力を確認される面接試験である。

4　海技試験の勉強方法

前述のとおり，海技士の資格は一級から六級にランク分けされている。当然ながら，たとえば三級と二級では，問題のレベルも出題範囲も違う。この出題範囲は船舶職員及び小型船舶操縦者法施行規則という法令に定められている。

商船系高専の学生は在学中に二級海技士試験の出題範囲の勉学を完全には終了していない。したがって，在学中の受験にあたっては，独学することが合格の早道である。独学といっても商船系高専の図書館には関連する専門図書が豊富にある。また，わからない問題は，それぞれの分野の先生に聞くことが重要である。「自分は将来のためにぜひ，がんばって資格を取りたい」と熱弁をふるえば，必ず教えてもらえるはずだ。

たとえば，問題集を使って，科目ごとに問題を整理するべきだ。つまり，過去に出題された問題を分析するのだ。なぜならば，海技試験の問題には，はっきりとした出題傾向があるからだ。問題を科目細目に沿って分類・整理した書籍も出版されている。

英語を除いて，合格のためには勉強の工程表をつくること。科目ごとに専用ノートを作成することも薦めたい。工程表とは，「いつから問題分析を行うか」「いつから科目ごとの専用ノートを作成するか」「いつから計算問題を理解できるように勉強するか」「いつから復習をするか」といった予定表のことである。たとえ工程表どおりにいかなくても，勉強のための順番を決めておくことは重要である。工程表を作成した上で勉強すれば，たとえ一度で合格できなくても，専用ノートと自分なりの勉強方法が手元に残る。もし失敗があればその失敗を改善すればよい。

どんなことにチャレンジしても失敗はつきものだ。ある失敗から次の成功を自分なりに創造していくことが非常に重要である。

最後に，同級生の競争相手を作り，お互いに教えあうことも合格の秘訣である。

学校紹介 大島商船高等専門学校

正門から望む校舎

練習船「大島丸」

本校は「豊かな教養と国際感覚を身に付けた，視野の広い技術者の養成」を第一の教育目標とする，九州，中国に臨むいちばん西に位置する商船高専です。1897（明治30）年に大島郡立大島海員学校として設立され，1901年に山口県立となり，その後，時代の進展とともに教育体制を整備し，1967年には高等専門学校へと昇格しました。

船舶職員養成を主目的とする商船学科（航海コース・機関コース）だけでなく，工業系の電子機械工学科（1985年設置）と情報工学科（1988年設置）の3つの専門学科（本科）があります。本科は1学年120人規模で，2017年度は本科660名，専攻科20名です（海外からの留学生を含む）。そのうち女子は139名となっています。山口県出身者525名，九州各県102名と，地元や隣県出身者が多いのは事実ですが，学生寮もあり（希望入寮制），広島，兵庫，京都，静岡など，山口県・九州以外の都道府県出身者（53名）も在籍しています。

本校では各々の専門にかかわる授業はもちろんのこと，課外活動にも力を入れ，ヨット部，バスケット，剣道，陸上等々の体育活動での輝かしい成果や，年々腕を上げてきた吹奏楽部や茶道部など，魅力ある部活もいっぱいです。高専ロボコンなどでの全国的な活躍も見逃せません。こうしたクラブ活動，学校行事を通じて，良き師，良き友を求め，一生涯途絶えることのない素晴らしい人間関係を築くことができるでしょう。多くの出会いは多くの考える機会を与えてくれます。これにより人間は成長しますし，社会への適応性も養われることになります。

2005年度からは，より高度な教育を実施する専攻科（本科卒業後の2年間の専門教育課程）を設置しました。商船学科を基盤とする海洋交通システム工学専攻，工業系学科を基盤とする電子・情報システム工学専攻の2つの専攻があります。

高専では，教養科目と専門科目を有機的に組み合わせ，専門職として務めていくために十二分な知識と技術を身につけることができます。実験実習を多く取り入れて理解を深め，基礎から応用にいたる広範な専門科目を系統的に履修していきます。卒業研究などを通して，課題に挑戦し解決していく経験を積むことで，実践的な能力が備わっていきます。安心してじっくりと学んでいきましょう。多くの皆さんが本校の門を叩き，社会で活躍する力を身につけることを心待ちにしています。

沿革

1897年　大島郡立大島海員学校が創設された。
1901年　山口県立大島商船学校となる。
1951年　国立大島商船高等学校となる。
1967年　国立大島商船高等専門学校となる。
2004年　独立行政法人国立高等専門学校機構大島商船高等専門学校となる。
2017年　創基120周年，高専創立50周年となる。

［問い合わせ先］学生課教務係
〒742-2192　山口県大島郡周防大島町小松1091-1
TEL 0820-74-5473　FAX 0820-74-5554
http://www.oshima-k.ac.jp/
kyoumu@oshima-k.ac.jp

航海士・船長の仕事

世登順三・清田耕司・薮上敦弘

あなたたちが学校を卒業し，海技免状を手にすると，袖や肩に金筋をつけた航海士としての道が始まり，やがては船長へと進んでいく。航海士や船長はどんな仕事をどんな環境でしているのだろうか。

1　航海士・船長の仕事場

外航船と呼ばれる外国航路の船や大型の内航船には，船長のほかに

一等航海士（Chief Officer）

二等航海士（Second Officer）

三等航海士（Third Officer）

の3人の航海士が乗っている。初めて船に乗るときは，次席三等航海士（Forth Officer：フォース・オフィサーと呼ばれる）として乗船し，一等航海士をはじめ上級航海士から実務の指導を受けながら三等航海士に独り立ちする日を迎えることになる。

現在では，ほとんどの外航船舶は混乗船といって，日本人と外国人が一つの船に乗り合わせて運航をしている。

(1) 航海士・船長の仕事

航海士・船長の仕事はおおよそ次のようになっている。

■ 船長の仕事

船長は船全体に関する統括者であり最高責任者である。船の運航目的を達成するため，船長は海員をはじめ船内にある者を指揮監督し，その職務を行うために必要な命令を出すことができるほか，さまざまな権限が「船員法」「商法」などの法律によって与えられている。大きな権限を有する反面，出港や入港の際は自分が操船しなければならなかったり，また運んでいる貨物に不注意によって損害を与えたときは賠償しなければならないなど，たくさんの義務も課せられている。

船橋における出港作業（提供：川崎汽船）

船首における入港作業（提供：三井室町海運）

船尾における入港作業（提供：三井室町海運）

■ **一等航海士の仕事**

一等航海士は船長を補佐するほか，船内の規律の維持にあたる。甲板部の長であり，航海士・甲板部員を指揮監督して甲板部の仕事を遂行していく。荷役の責任者で，積荷・揚荷の立案，荷役の監督，船体強度や安定性の計算を行う。入出港時は船首で係留作業や離岸作業の指揮をとる。航海中は航海当直を分担する。

■ **二等航海士の仕事**

二等航海士は航海に関する仕事に携わる。航海計器・操舵装置の保守点検・整備，海図などの水路諸図誌の整理・保管および改補，会社へ提出する航海日誌の作成などを担当している。出入港の際は船尾で係留作業や離岸作業の指揮をとる。航海中は航海当直を，停泊中は荷役当直を分担する。

■ **三等航海士の仕事**

航海日誌の記入・保管など，書類仕事・記録の管理に携わる。停泊中は毎朝夕，荷役の前後に喫水を読んで一等航海士に報告する。また，船長，上級航海士の指示による仕事に従事する。出入港の際は船橋で船長の補佐にあたる。航海中は航海当直を，停泊中は荷役当直を分担する。

(2) 航海士・船長の仕事場

これら船長・航海士の仕事場は，ひとことでいえば機関室を除いた船内全部である。航海中であれば航海当直のため船橋が仕事場の中心であり，停泊中は船の種類によって荷役の方法が違うので一概にはいえないが，甲板上がメインになる。

ひとたび港を離れると，次の港まで24時間休むことなく航海が続く。この間，3人の航海士が船橋で4時間ずつ1日2回の航海当直（当直のことを「ワッチ」という）に交代で立つ。外航船での航海士の当直時間はどの会社もほぼ表のようになっている。8－0直（08時～12時の当直）は別名大名ワッチあるいは殿様ワッチと呼ばれる。それは陸上の生活と同様の時間帯で，体が馴染みやすいからだ。経験の浅い三等航海士をこの時間に入直させるのは，何かあってもまだ起きている人が多く対処しやすいからである。これに対して0－4直は泥棒ワッチといわれる。人が寝静まったときに当直しているからだ。4－8直は，日の出や日の入りで見張りがしにくいため，いちばん経験が豊富な一等航海士がこの時間帯の当直に入る。

当直時間

当直時間	当直航海士	当直の呼びかた
00時～04時	二等航海士	ゼロヨン
04時～08時	一等航海士	ヨンパー，ヨンパチ
08時～12時	三等航海士	パーゼロ，ハチゼロ
12時～16時	二等航海士	ゼロヨン
16時～20時	一等航海士	ヨンパー，ヨンパチ
20時～24時	三等航海士	パーゼロ，ハチゼロ

港に停泊すれば，貨物が予定どおり間違いなく積まれているか，あるいは揚荷されているかを，甲板上で指揮・監督する。停泊中，荷役当直の時間帯は変則になることもあるが，ほぼ航海当直と同じ時間帯の場合が多い。

季節が数日で変わるのも船という職場の特徴だろう。日本が夏でもオーストラリアへ行けば冬だ。南から冬の日本へ帰るときは，2～3日前までは半袖だったのが，日本に近づくと防寒着を着込まなければならなくなる。

北極圏内にあるノルウェーのナルヴィクでは，深夜0時に荷役当直を交代する際，夏は明かりなしで喫水を読むことができ，白夜を体験することができる。また，外国に寄港すると，日本人と外国人の考えかたやリズムの違いに戸惑うことも多い。

このように自然の移ろいや自然現象，世界各国の文化の違いを身に感じることが多い職場である。

次の項から外航船，内航船の代表として大型フェリー，特殊船では巡視船を例に，航海士・船長の仕事を見ていこう。

2　外航船の航海士・船長の一日

乗船10日前くらいになると，会社から次に乗船する予定の船の名前や乗船場所を知らせる通知がくる。乗船地は日本の港だけとは限らない。最近は外国の港で乗船することのほうが多いくらいだ。急遽，明日乗船してくれというような緊急乗船をしなければならないこともある。乗船前には，健康診断・海技免状の有効期間を確認し，失効直前であれば健康診断を受けたり，海技免状の更新をしておく必要がある。

乗船すると前任者と交代の引継をする。引継が終わると，それから先の仕事は自分の責任である。年間8カ月の乗船で4カ月の休暇がある。休暇は本人が希望するときもあるし，会社の都合で下船することもある。

■ 航海士の一日

三等航海士として独り立ちしたあなたの航海中の一日を追ってみよう。

朝7時半「当直30分前」の合図に起こされる。8時からの当直に遅れないように朝食を済ませると，ISMコード（国際安全管理コード）に基づいた当直基準の確認や，前直者である一等航海士から当直の引継を受けるため，早めに船橋に上がる。一等航海士から引継を受け，交代をした時点から，正午に二等航海士へ引き継ぐまでの4時間は，あなたが運航の責任者である。なお，前述したが混乗船の多い現在，一等航海士や他の航海士が日本人であるとは限らない。いくらレーダやGPSなどの電子航海計器，航法装置が発達した現在でも，航海当直の基本は「見張り（Look Out）」である。大洋航海中で周りに船が見えないようなときでも見張りの重要性が変わることはない。12時前に二等航海士が昇橋してくる。正午の位置を確認し，航海日誌を記入すると，あなたの午前の当直は終わりだ。次の当直の20時までは，自由な時間であるが，書類仕事があったり，一等航海士の手伝いをしたりと，その日によって違う。時間があれば仮眠をしておくとリフレッシュできる。

19時30分「当直30分前」の報せがくる。夜の船橋は周囲がよく見えるように暗くしてある。海図机の付近だけ海図が見える程度に照明がついている。早く昇橋して目を暗闇に慣れさせよう。暗い中で午前と同じように一等航海士から引継を受けると，またあなたの肩に一船の安全がかかってくる。満天の星空に海のロマンを感じることもあれば，大時化の中，なんで船乗りなどになったのだろうと思うこともある。夜のつれづれに他の

夕餉のひととき（提供：川崎汽船）

船からVHFで呼びかけられることもある。そうこうしているうちにミッドナイトが近づき，少し眠そうな二等航海士が上がってきた。当直中にあったこと，船長からの連絡事項などを引き継いで「お願いします」。今日も無事，安全運航できたことに喜びを感じる。一風呂浴びたら，明朝の当直に備え，早く眠ることにしよう。

3　内航船の航海士・船長の一日

■ 大型フェリーの一日

大型フェリーには太平洋や日本海を航海するものもあれば，船や島の多い瀬戸内海を横断するものもある。ここでは，瀬戸内海を通って阪神と九州を結ぶ大型フェリーを一例として見てみよう。

このフェリーは夕方出港し，夜間乗客が寝ている間に航海を続け，朝起きるころ入港するようにダイヤが組まれている。

出港2時間前，乗客を迎え，車を積むための配置に着く。各航海士が手分けして車を整然と積んでいく。三等航海士は出港30分前になると船橋に上がり出港準備に取りかかる。車を積み終えると，船橋には船長と三等航海士，船首に一等航海士と甲板長，甲板手，船尾に二等航海士と甲板手がそれぞれ出港配置に着く。出港後，防波堤を過ぎて15分，出港配置が解かれ，船長から当直の航海士に操船が引き継がれる。

しかし，狭い海峡・航路が多い瀬戸内海では，船長が操船し，航海士が補佐する海域も多い。このフェリーでは航海時間と航路が決まっており，当直時間帯を固定すると，0－4直などはつねに睡眠不足が続くようになる。そのため，たとえば乗船後すぐは8－0直，下船前は0－4直というように，3人の航海士が当直時間帯を順に回している。これにより，特定の人の睡眠不足を防ぐばかりでなく，航海士全員が航路全体の事情を把握できるようになり，操船技術の習得にもなる。当直交代後は車両甲板や客室に異常がないか巡検して回る。

入港45分前，入港作業につく。車止めを外し，係留索を準備する。無事着岸すると，そのまま車を揚げる作業に取りかかる。次の便が入港する場合は，車と乗客を揚げ終わったら沖にシフトすることもある。

夕方，乗客を迎え，車を積むまでの間，各航海士はさまざまな機械・機器・計器類の点検整備や書類仕事を行う。こうして，また，夕方の出港に備える。

乗船勤務は10～12日，その後4～6日の休日がある。そのほかにまとまった有給休暇もある。フェリー会社によって，勤務体系や乗船期間，休暇日数が異なるが，おおよそ乗船期間の半分が休暇と考えればよいだろう。

1万5000トンの旅客船を，20ノットを超えるスピードで瀬戸内海を走らせるには，入社してすぐの新人に任せるわけにはいかない。半年程度，上級航海士の指導を受け，やっと先輩航海士の仲間入りをすることになる。

先輩からひと言　オーシャントランス株式会社 二等航海士　宮澤 優太
（2004年9月 広島商船高等専門学校卒業）

航海士になり13年経ちました。役職も変わり，新造船が建造され，プライベートも目まぐるしく変化し，「責任」をより一層強く感じています。10年前，三等航海士だった頃は，自分のやらなければならないことを，ひたすら覚えて，実践するだけの毎日でした。いまでは，経験を基に後輩を教育・指導する立場になりました。人を教育する難しさ，内容を理解し言葉にして相手に伝える難しさを痛感しています。

二等航海士になると，船用品の管理，無線関係の保守整備など，担当機材も増え，社外の方とコンタクトをとる機会が増えます。これは船内でも同じことで，三等航海士のときと同じように会話しても，仕事の内容の割合が増えました。いま思うと，新人の頃から，上司，年上の方，年下とのコミュニケーションをとっていたことが，とても力になっています。運航する上で，必要最低限の機器の取り扱い，気象海象の基礎があれば，操船はできるようになると思いますが，「コミュニケーション＝信頼関係」を築いていれば，操船も，荷役も，そのほかの仕事も，もっとうまくこなしていけると思います。私自身，器用でもなく，頭が回るほうでもないので，周りにとても助けられています。

だからここで1つ。上司や乗組員の方に話しかけるのは，とても勇気のいることです。でも，話しかけることは難しくても，話しかけられたら，会話をする努力はしたほうがいいと思います。現代は，SNSなどインターネットによるコミュニケーションツールは発達していますが，対面したときに，同じような会話ができなくなっている時代です。出港すると，インターネットがつながらない場合もあります。そんなとき，頼りになるのは，同期や年の近い乗組員です。仕事のこと，人間関係，不安なことを，口に出してほしい。ストレスを抱え込まないでほしい。そんな不安なことを引き出してあげられるよう，試行錯誤しながら，船務に就いています。

4　特殊船の航海士・船長の一日

■ 巡視船艇の一日

商船は貨物を運ぶことを目的としているが，海上保安庁の巡視船艇は海上の安全，治安の確保，人命財産の救助，海洋環境の保全（青い海を守る）などを目的として海上をパトロールしている。巡視船艇にはヘリコプターを搭載した大型のものから小型の巡視艇までさまざまなタイプがある。船の大きさによって乗組員の数も違ってくる。巡視船艇では船長以外の航海士は，商船とは呼称が異なっている。航海士には商船の一等航海士に相当する航海長，そのほかは首席航海士，主任航海士などと呼ばれる。商船と同じように固有の時刻帯に航海当直に入るほか，当直以外の時間は自分が担当する仕事をしたり，射撃訓練をはじめいろいろな訓練があったりする。救難作業などがあるときは，当直時間に関係なくその作業につく場合もある。巡視船艇に乗っている海上保安官は全員が特別司法警察職員であり，警察権を持っているため，海の事件・事故の調査を行うことができる。

大型巡視船の場合，一般的には2週間前後パトロールに出て，基地に帰ると1週間から10日くらい停泊する。この停泊中には交代で停泊当直をするほか，航海中の土・日曜日などの振替休日をとったり，出勤日には事務仕事，船体の整備などに携わる。また，小型の巡視艇は，一般的に日帰りなどの短い行動ではあるが，ひとたび事件・事故が発生すると夜間でも緊急呼び出しにより集められることもしばしばある。巡視船艇には，海上をパトロールする行動日数と，停泊中に行う船体整備などの日数についての規定があり，大型の巡視船では年間計画で決められているが，海難事故などがあると大きく変わってくる。巡視船乗り組みの海上保安官の乗下船は海上保安庁内の人事異動に伴い発令される。

海上保安庁の巡視船艇と似たものに水上警察や県警の警備艇があるが，その内容は次ページの「先輩からひと言」を読むとよくわかる。

5　おわりに

これまで航海士・船長の仕事を見てきたが，商船における航海士・船長のいちばん大きな仕事は，事故のないよう船の安全運航に努め，貨物船であれば荷主から預かった貨物を航海の途中で壊れたりすることのないよう運送し，目的地で受取人に引き渡すことであり，客船やフェリーであれば乗客に快適に目的地まで船旅を楽しんでもらうことである。

それらの仕事を完遂することができるよう「自分はプロの船乗りになるんだ」ということをつねに意識し，これから先の勉学に励んでほしい。

先輩からひと言　福岡県警 警備艇乗組員　岸本 高太朗
（2004年9月 広島商船高等専門学校卒業）

私は，2005年4月に福岡県警察職員（海技従事者）を拝命し，警察が所有する警備艇（警察用船舶）の乗組員として勤務しています。

主な仕事内容は，警備艇の運航・整備・事務であり，海における海事犯罪（密航，密漁，密輸など）の取り締まりや，海難事故などの対応業務（捜索，救助，警戒など）に従事することもあります。

この仕事の厳しいところは，当然のことですが，事件・事故は時間，場所，気象などの条件を選んではくれないということです。

深夜に高速で逃げる不審船の追跡。「もう帰って来られないかも」と思うほどの悪天候のなかの出動。時には人の死にも直面。警察の船は，多種多様な任務に従事し，いろいろな場面に遭遇します。

多種多様な任務を遂行するため，船長は素早い判断と，乗組員に対し的確な指示を出さなければなりません。たとえば，「人が流されている」と110番が入ったときは，相手の命はもちろんのことですが，現場まで高速力で直行し救助作業をする我々乗組員の命の安全も考えなければいけません。船長の判断・指示に間違いがあれば，救助を求める相手の死だけでなく，最悪，我々の殉職にもつながります。そのため，事案対応中はいつも緊張している状態が続きます。

精神的・肉体的にきつく辛いときもありますが，それを乗り越え任務完了時の達成感は何とも言えないものがあります。

私は，地元でもあり大好きな関門海峡で，人の役に立てるこの仕事に就けたことをうれしく思うと同時に，誇りと使命感を胸にこれからもさらに知識を得て，技術を磨いていきます。

いつか人々に安全安心な海を提供できますように。

第6講 機関士・機関長の仕事

中島邦廣

本講では，船に装備されているあらゆる機械の運転管理と整備作業を行う機関士・機関長の仕事について説明する。

1　機関士・機関長の仕事場

(1) 船の動力の歴史

はじめに，どのような経緯で機関士が誕生し，また，その機関士が取り扱う主機がどのように変化してきたかを説明する。

■ 機関士の誕生

太古の昔から，人間は交通・輸送機関として船を使ってきたが，主な動力源は櫂(かい)を使った人力，帆を使った風力，あるいは海流や潮の干満を利用したものであった。ところが18世紀から19世紀にかけて産業革命が起こると，船の動力源も大きく変わった。産業革命は，燃料がそれまでの薪から火力の強い石炭へと変化した燃料革命・エネルギー革命が発端である。しかし，石炭の採掘は湧き出る地下水との戦いでもあった。大量の地下水を汲み出すため1712年ニューコメンによって蒸気機関を用いた排水ポンプが発明された。これは人間が手にした初めての機械であった。その後，紡織機や蒸気機関車などが作られるようになり，産業革命へとつながっていった。当然，蒸気機関は帆に代わって船の動力源としても使われるようになり，1807年アメリカ人フルトンによって汽船クラーモント号が建造された。この頃から蒸気機関を運転・保守する機関士が乗船するようになった。

クラーモント号（提供：Florida Center for Instructional Technology）

■ 石炭から重油への転換

20世紀になると効率の高いディーゼル機関の発達もあり，石炭から重油への転換が急速に進んだ。液体燃料である重油の長所は，石炭のように大きな燃料庫を必要としないことである。また火夫(かふ)（石炭を扱う人）も必要なくなり，その分，乗組員の居住スペースを小さくできた。石炭を燃料としたタイタニック号には約300人の火夫がいた。

■ 蒸気タービン機関とディーゼル機関

大きな出力が得られ，振動も少なく，保守も容易というメリットから，重油の燃焼により高圧の蒸気を作り，これをタービンに吹き付けて出力を得る蒸気タービン機関も広く採用されていた。しかし，同じ出力を得るのにディーゼル機関の約2倍も燃料を消費するという燃費の悪さから，2度のオイルショックを契機にディーゼル機関に変わっていった。ただし，LNG（液化天然ガス）船の場合は，輸送中に気化した天然ガスを燃料として使うことができる蒸気タービン機関が多く使用されている。

舶用推進蒸気タービン（提供：三菱重工）

ディーゼル機関（提供：日本郵船）

(2) 機関士が取り扱う主要機器

■ 主機（Main Engine）

プロペラを回して船を走らせる船内でいちばん大きな機械である。船の大きさや目的によっていろいろな種類の主機がある。蒸気で主機を回す蒸気タービン機関や，重油をシリンダ内で燃焼させ発生した高温・高圧の燃焼ガスで主機を回すディーゼル機関，その他にガスタービン機関，電気推進機関などがある。前述の理由から，商船の場合ほとんどがディーゼル機関を採用している。

ディーゼル機関は，廃船までに10万時間以上運転している。船の主機がこのように長持ちするのは，造船所（ドック）に入っての定期的な検査や整備のほか，機関士たちの日常的な保守・点検が行われるからである。主な主機の出力を比較すると

タイタニック号	33,856kW（46,000馬力）
コンテナ船（平均）	36,800kW（50,000馬力）
大型タンカー（平均）	19,872kW（27,000馬力）

自動車　　　　　　　　　110.4kW(150馬力)

となっている。ディーゼル機関に使用される燃料はC重油といって，およそ燃料といえないコールタールのような粗悪油である。これは大量に燃料を使用する船舶において燃料費を安くするためである。その燃料を使って主機を止めることなく航海させるのは機関士の高度な技術力による。超大型タンカーでは1日に80～100トン程度の燃料を消費する。

■ **ボイラ**

水を加熱し，蒸気を発生させる装置である。発生した蒸気は主機を動かしたり，発電機用タービンに送られ電気を起こしたり，暖房や温水を作るのにも使用される。航海中は主機の排ガスが持つ熱を利用する排ガスボイラが主流で，停泊中は重油を燃焼させる。

■ **発電機**

電気を作り出す装置である。作られた電気は電動機(モータ)を駆動したり，電灯などの電源として供給される。

(3) 機関室および機関制御室

機関士，機関長は主に機関室および機関制御室で仕事を行う。

■ **機関室(Engine Room)**

船の大きさによって主機の出力も異なり，機関室の大きさも変わる。大型船になると3～4階建てのビルの大きさになり，エレベータも設置されている。

機関室には，主機，発電機をはじめ多くの機器があり，あたかも洋上プラント工場である。タービン船の場合は，主機を推進器(プロペラ)の代わりに発電機に接続させれば火力発電プラントと変わらない。発電機をはじめ主機以外の主要機器は2台以上設置することが義務付けられているので，トラブルが発生しても代替運転が可能で，船としての機能を維持できる。ところが主機は1台しかないので，トラブル・不具合が生じれば航行不能になる。このため主機は機関士がいちばん気を使い，いちばん大切に取り扱っている機械である。

■ **機関制御室(Engine Control Room)**

機関室内の温度は，赤道近くを航行するとき50℃前後にも達する。その中で作業をする機関士にとっては，騒音を含め厳しい作業環境となる。このため，機関室内に空調設備を設け，主機を中心に主要機器の運転・監視が遠隔で行える機関制御室を設けている。

2　外航船の機関士・機関長の一日

(1) 機関士（Engineer）とは

船といえば，船長や航海士が代名詞のようにいわれるが，安全運航にとって同様に重要なのが船の主機を支える機関士たちである。機関室には主機のみならず，発電機，ボイラ，冷凍機，各種ポンプなど，航海士のわからない機械装置が配置されている。これらの機器を整備し，円滑に操作するには，相当の知識と熟練した技術が必要になる。その精鋭たちが機関士である。

大きな船になると，主機も大きく，また機器の種類も多くなり，機関室で働く人は機関士だけでなく，機関の操作や整備を専門に行う機関部員がいる。

(2) 機関士の職務

各機関士は，当直時間中，船橋からの指令どおりに主機を操作し，また，機関士ごとに割り当てられた機器の点検・整備を行う。

■ **機関長（Cheif Engineer）**

機関部の最高責任者である。他の部署と調整を取りながら機関部全体をまとめ，安全運航・経済運航に努める。

■ **一等機関士（First Engineer）**

機関長不在の場合，機関長を代行する。航海中は主機の運転，整備を担当する。機関部部員への指示も行う。

■ **二等機関士（Second Engineer）**

発電機，ボイラなどの保守・管理を行う。また，燃料油や潤滑油の管理も行う。

■ **三等機関士（Third Engineer）**

電気全般，冷凍機，ポンプ類などの保守・管理を行う。また，機関日誌や消耗品の管理も行う。

(3) 当直（ワッチ）

■ **Mゼロ船**

機関室の当直なしで，主機を24時間運転できる設備を備えた船をMゼロ（Machinery Space Zero Person）船と呼ぶ。船橋からの主機の遠隔コントロールが可能で，かつ機関室の異常を知らせる警報装置，異常時に自動的に主機を減速する装置など，無人運転のための多くの規定を満たした船を意味する。Mゼロ船といっても，常時，機関室無人化運転が行われているわけではなく，通常航海中は日中，機械類の点検や整備を行い，夜間無人化運転を行う。また，船舶の通行量の多い海域や，天候が悪化したときなどは，機関長の判断で機関室当直が行われる。現在では外航船や内航大型船のほとんどがMゼロ船となっている。

(4) 出入港作業

基本的には全員がS/B (Stand by) 配置につく。

■ 出港作業

出港の数時間前から主機の暖機運転を行う。暖機運転とは，停泊中に冷えた主機が始動時に着火不良などを起こさないように，温水を循環させて主機を温めることをいう。また，潤滑油ポンプを始動して，軸受部分に潤滑油を供給し，同時にターニングを開始する。出港直前には主機の試運転 (Try Engine) を行い，異常がないことを確認する。港を離れ船の航行に支障がなくなると，出港部署が解除される。

■ 入港部署

港が近くなると，入港部署につく。着岸してこれ以上主機を使わない状態になれば，F/E (Finish with Engine) となり，入港部署を解除する。

(5) 停泊中の仕事

入港しても，発電機やボイラなど，荷役と船内生活を維持するために必要な最低限の機械は運転されている。主機を中心に，航海中できない機器について整備作業を行う。

3 内航船の機関士・機関長の一日

(1) 大型カーフェリー

たとえば，瀬戸内海を航行する大型カーフェリーは，たくさんの小型船や漁船が航行・操業していること，また，狭水道が多く，海潮流の影響を強く受けるので，Mゼロ運転をしていない。このた

大型カーフェリー「さんふらわあ あいぼり」
(提供：関西汽船)

め，機関部は機関長，一等機関士，二等機関士，三等機関士の4名と機関部員2～3名の計6～7名が乗船する。

機関部の作業は，ピストン抜き以外のほとんどの作業を船内で行う。

(2) 内航船

内航船の場合，外航船と比べて機関部・機関士の人数は多くない。少人数で運航している場合が多い。機関士の人数は船の大きさや運航形態によって大きく異なる。

(3) タグボート (港内タグ)

港内を航行区域とするタグボートの場合，機関長，一等機関士の2名が乗船し，機関の運転と甲板作業に従事する。機関部作業としてはストレーナ掃除など基本的な作業のみ行う。

タグボート (提供：神戸曳船)

4　先輩からのアドバイス

多くの先輩から経験談を聞いた。参考にしてほしい。

■ **船員になった動機**

港の近くに住んでいたので，帆船日本丸が寄港したときは見学に行くなど，子供のころから船を身近に感じていました。また，満員の通勤電車に乗っての会社勤めに興味はなく，大きな船を動かしてみたかったので商船学校へ進学しました。ただし，転職に有利だと思い，航海科でなく機関科を選びました。

■ **機関士の仕事**

機関室には主機のほか発電機やボイラ，冷凍機，空調機，清浄機，油圧装置，ポンプ，造水装置など多くの機械が備えられていますが，これらを操作し，点検・整備するのが機関士の仕事です。機関士には階級があり，それぞれ担当する機械が異なります。機関室では圧力計や温度計を見つめながら機械の運転状態を監視しています。計器を見るだけでなく音や臭い，触温など，五感を働かせ，機械に異常がないか絶えず気を配っています。また機関部員たちはほとんどが外国人なので，彼らとのスムーズなコミュニケーションも大切です。洋上では故障しても船内ですべてを解決しなければならず，幅広い知識や技術が求められます。最近は，Mゼロ船が主流になり，夜間の当直をしなくてもよくなりました。このため洋上でも休みが取れるようになりました。

■ 思い出に残る出来事

太平洋を航行中に，船体が真二つに折れるのではないかと思うほどの大型台風に遭遇したことがあります。私はエンジンルームで祈るような思いで，緊張しながらエンジンを見つめていました。そんな荒天のときもあれば，鏡のような海面の東シナ海を航行したこともあります。夜は暗闇の中に満天の星空，日本で見る星空の比ではありません。輝く星の数が違います。また降り注ぐ流れ星も圧巻で，別世界にいる感じでした。

■ 船内生活

船乗りにとって最も恐ろしいのは，何といっても病気と怪我です。陸上と違って洋上では病院に助けを求めることができません。部下たちには「機械は壊れても修理ができるが，人間はそうはいかない。だから怪我だけはするな」と言っています。

■ 機関士を目指す若い人に

「機関士」という仕事に誇りを持って好きになることがいちばん大切だと思います。いまは外航船に乗るのは採用数が少ないこともあってなかなか難しいかもしれません。しかし，「船乗りになりたい」と思う人は積極的に挑戦して夢を実現してほしいと思います。そして，大きな船を動かす感動をぜひ味わってみてください。

学校紹介　広島商船高等専門学校

学校全景

練習船「広島丸」

本校は，1898（明治31）年に町村組合立芸陽甲種海員学校として創立されました。以来，幾多の学校名と教育体制の変遷を経て，1951年に新制高等学校となり，1967年には高等専門学校に昇格しました。

輝かしい校史の伝統を踏まえ，教育理念として「豊かな人間性と国際性及び，強い精神力と高い倫理意識を持ち，将来社会において活躍するための基礎となる知識と技術を身につけ，さらに生涯にわたって学ぶ力を備えた人材の育成」を掲げており，工学基礎教育，体験重視型の早期創造教育と人間教育により，基盤となる幅広い知識・技術とともに，特定の専門領域において基礎的知識・素養をしっかりと身につけた実践的・創造的技術者の育成をめざして，日々の教育実践に取り組んでいます。また教育目標は，以下の5つで構成されています。

(1) 豊かな心，生きる力および規範意識の育成
(2) 地域や国際社会に対応できる広い視野と素養の形成
(3) 基礎科学や情報処理の知識・技術の習得
(4) 専門的知識・技術とその活用力の習得
(5) 社会に貢献できる創造力と実践力の育成

5年間（商船学科は5年半）のカリキュラムは，一般教育と専門教育とをバランスよく配置し，将来，実社会の幅広い分野に適応できるよう，独自の工夫を行っています。基礎知識の定着を重視し，教養科目と専門基礎科目を土台とし，応用力育成と専門的技術の修得を重視した教育を行っています。そして，豊かな人間性に裏付けされ，知・徳・体の調和のとれた，創造力と実行力のある高度な実践的技術者を社会に送り出すことを教育の基本課題とし，その徹底を図っています。

現在，120年以上の伝統と多くの実績を持ち，外航船舶職員および海事関連産業に適応できる海の技術者を養成する商船学科，情報およびビジネスなどを学ぶ流通情報工学科（1985年設置），「ものづくり」について学ぶ電子制御工学科（1988年設置），と分野の異なる3学科があります。また，2005年度に設置された専攻科課程は，海事システム工学専攻と産業システム工学専攻の2専攻から構成されています。高専本科で学んだ高度な技術教育の上に，さらに幅広いものの見方，新しい先端技術について学びます。

本校の本科課程卒業生および専攻科課程修了生は社会のさまざまな分野で活躍しており，実践力のある技術者として実業界から極めて高い評価を受けています。大きな志と向上心を持ち，社会に貢献したいと考える元気なみなさんのチャレンジを心から歓迎します。

沿革
1898年　町村組合立芸陽甲種海員学校として創立。
1901年　広島県立商船学校となる。
1951年　国立広島商船高等学校となる。
1967年　国立広島商船高等専門学校となる。
2004年　独立行政法人国立高等専門学校機構広島商船高等専門学校となる。
2018年　創基120周年となる。

［問い合わせ先］学生課教務係
〒725-0231　広島県豊田郡大崎上島町東野4272-1
TEL 0846-67-3022　FAX 0846-67-3029
http://www.hiroshima-cmt.ac.jp/
kyoumu@hiroshima-cmt.ac.jp

第7講 海運会社の陸上での仕事

児玉敬一・村上知弘

船を安全に動かすためには，海技士は船上で働くだけではなく，陸上においてもさまざまな分野で必要とされている。

海運会社では，船に乗って仕事（海上業務）をする人と，陸上で仕事（陸上業務）をする人がいる。海上業務をすることを「海上勤務」をするといい，陸上業務をすることを「陸上勤務」をするという。海運会社に海技士として入社するとまず「海上勤務」をすることになる。しかし入社してから定年退職までの間，ずっと海上勤務ということはない。入社して何年かの海上勤務の後，陸上業務につく場合が一般的である。陸上勤務は，海上業務に対する知識と経験が必要であるため，海上勤務の経験を積んだベテランが行うことが多い。また陸上勤務では，海上で習得した知識や経験を使って「船乗りにしかやれない」というような仕事をすることが多いため，「陸上勤務が面白くてたまらない」という海技士も多い。

仕事の内容は，外航海運会社と内航海運会社では少し違うところもあり，また会社によっても違うところがあるが，次に一般的な外航海運会社の例をあげて，陸上勤務でどんな仕事をするのかを見てみよう。

1　陸上勤務

陸上勤務中の海技士の身分は，海技士でない他の社員と同じである。健康保険や雇用保険なども陸上社員と同じ保険制度に加入することになる。海上勤務はたとえば10カ月乗船して3カ月の陸上休暇を過ごすというようなパターンを繰り返すが，陸上勤務中は土日や祝祭日が休みになっているというのが一般的である。海運会社の陸上業務は東京や大阪などの都市部だけではなく，シンガポールなど海外で行われることも多くなってきている。そのため，陸上勤務中に自宅から通勤できない人は会社の社宅や寮に引っ越したり，通勤できる場所に自宅を移してそこから通勤するということになる。

海上勤務をどのくらい勤めた後に陸上勤務があるのか，陸上勤務は何年間くらい勤めるのか，あるいは海上勤務と陸上勤務の割合はどのようになっているのかといったことに関しては，海運会社によって違うので一概には言えないが，海上勤務で得た技術と経験を陸上勤務に生かしていくという考えかたで人事異動をしている海運会社が多い。

2　海運会社の陸上業務

海運会社が陸上で行っている業務はいろいろあるが，主なものは，(1) 船員管理業務，(2) 海務海技関係業務，(3) 船舶建造業務，(4) 保守整備業務・入渠(にゅうきょ)検査業務，(5) 資材関係業務，(6) 燃料油関係業務，(7) 保険関係業務，(8) 運航関係業務，(9) 安全管理業務・品質管理業務，(10) 企画関係業務・総務関係業務・経理関係業務，(11) 組合関係業務などと呼ばれる業務である。個々の業務の呼びかたは会社によって違うが，内容については大きな違いはない。陸上勤務中はこれらの業務のどれかを行うことになる。

(1) 船員管理業務

船を動かすためには船員が必要である。そのため，船員を雇って教育研修を受けさせ，それらの船員を船舶に乗船させるという仕事が必要である。日本の外航海運会社は日本人船員だけでなく外国人船員も雇っているため，船員の採用や教育研修については，外国でも広く行われている。また個々の船員に対して，誰をどの船に乗船させ，誰をどの船から下船させるかなどの動きを計画して指示する仕事をとくに配乗管理業務と呼んでいる。船員の労働時間や休暇日数の取り決めなどの労働条件は，船員が所属する労働組合と会社が合意した「労働協約」という契約によって定められているため，その労働協約に定められた条件に従って乗船期間を決めたり休暇の期間を決めたりしなければならない。このような配乗管理業務を含め，船員の雇用・教育・労務管理などの業務を行う。

(2) 海務海技関係業務

船を安全で効率的に運航するためには，船の乗組員にいろいろな情報を素早く的確に伝えなければならない。戦争や紛争が起きている場所の近くを航行する場合には，戦争の状況などの情報は船にとっては絶対に必要である。海域によっては凶暴な海賊が出没することもある。これらの情報を入手して確実に船に送り届けなければならない。

また，船に関する法律はほとんどが国際条約によって決められており，これらの法律はしばしば改正されたり新しい規則が作られたりする。新しい規則を知らずに違反をすれば，港へ入港できないなど，大きな損失を受けることがある。これらの情報を集め，すぐに船に知らせることも重要な業務である。海事関係の国際条約の改正作業は主に国際海事機関（IMO）の場で日本政府も参加して進められるが，これらの場に海運会社としての意見や要望などを反映させることも重要な仕事である。

イギリス・ロンドンの国際海事機関本部
（提供：Lee Adamson, IMO）

さらに船に関する技術はつねに進歩しているため，最新の技術情報を入手してそれらの技術を取り入れなければならない。船に積む貨物の情報も重要である。たとえば化学製品などは次々と新しいものが作り出されるため，それらの製品を安全に船に積む技術もつねに変化している。それらの変化に対応するために船の設備の変更や改良などを指示することが必要な場合もある。

これら海事技術関連の情報を入手して船に確実に知らせるとともに，それらの情報に対する対応を考えたり，対処マニュアルを作成するなどの仕事を行う。

(3) 船舶建造業務

海運会社が輸送サービスを提供するために新しく船が必要になった場合，入手する方法が3つある。まず船を借りてくる方法，次に中古船を買う方法，3つ目が造船所に注文して新たに船をつくる方法である。新しくつくる船のことを新造船という。新造船を注文するためには，船の大きさや用途，速力や機関の種類など，膨大な項目を造船所に指定しなければならない。造船所は海運会社の注文に従って設計図を描いて船を建造する。場合によっては設計図の一部を海運会社のほうで描くこともある。このように造船所にオーダーして新造船の建造などを行う。

(4) 保守整備業務・入渠検査業務

船は出来上がって走りだした後も，つねに手入れをしていかなければならない。海上を航行すると波や風によって船体はさまざまな力を受ける。重たい荷物を積んだり降ろしたりするたびに船体のいろいろな場所に力が加わり，最悪の場合はそこにひびが入ったり割れたりするため，手入れをしなければ沈没などの危険が生じてしまう。また，つねに潮風を受けているために船体は毎日が錆との戦いである。手入れを怠ればあっという間に錆が船体をおおってしまう。機関についても毎日の手入れが欠かせない。船の整備箇所は膨大な数に上るため，もれなく保守整備をするためには綿密な整備計画を立ててそれを実行しなければならない。保守整備作業は船上で乗組員の手で行われるもの，乗組員以外の手で船上で行われるもの，あるいはドックに入って行われるものなどがあるが，これらの作業が円滑に行われるように計画し，準備して実行するのが保守整備業務と呼ばれる仕事である。

船は法律によって1年に1回は検査を受けなければならない。検査は造船所のドックに入れて行うことが多い。船を造船所に入れることを入渠といい，入渠させて検査を受けるために必要な業務を行う。

(5) 資材関係業務

船で必要なさまざまな品物を船用品と呼んでいる。たとえば船体の錆をとった後に塗るペイントとか，いろいろな物を洗う各種の洗剤とか，トイレットペーパーに至るまで，スーパーマーケットに並んでいる品物と同じくらい，さまざまな種類の物が船用品として積み込まれる。これらの品物を船に積み込むための準備をしたり，船からの報告に基づいて適切な在庫管理を行ったりする仕事が資材関係業務である。船で使いものにならない品を積み込んでしまったり，船で使用する量を超えたむだな量を積んでしまったり，あるいは船で必要なものが積み込まれなかったりというようなトラブルを防ぐためにも，海上での知識と経験が必要とされる業務である。

(6) 燃料油関係業務

船用品と同じように，燃料油や潤滑油を購入して船に積み込む仕事も必要である。燃料油や潤滑油の購入先を決め，購入先と契約をして実際に船に積み込むまでの計画を立て，準備して実行する仕事を燃料油手配関係業務と呼んでいる。この業務についても海上業務，とりわけ機関長・機関士の知識と経験が必要とされる。

(7) 保険関係業務

船体や船が積んでいる貨物には保険がかけられており，海難事故などさまざまなトラブルによって損害が発生した場合，その保険金で損害を補っている。また船が事故を起こして仕事ができなくなり予定していた運賃を得ることができなくなった場合や，事故を起こしたことによって他の人に損害賠償金を払わなければならなくなった場合に備えた保険，あるいは戦争地域に行かなければならなくなって特別にかける保険など，さまざまな保険がある。これらの保険を保険会社と交渉して契約したり，不幸にして事故が起きた場合に保険金を請求したりする仕事などを行う。

(8) 運航関係業務

船にどんな貨物を運ばせるか，どこの港に行かせるかというようなスケジュールを立てたり，港でその船の世話をしてくれる代理店と呼ばれる業者を決めたり，港での水先人やタグボートを手配したりするなど，行く先々で船が安全で効率的な運航ができるよう手助けをするのが運航関係業務と呼ばれる仕事である。

また，荷主から原油や鉄鉱石などを運んでほしいという要望があっても自分の会社に空いている船がない場合，他の会社から船を借りてきて運ぶ場合がある。このように船をまるごと貸したり借りたりすることを「用船」と呼んでいる。適当な船を見つけて持ち主と交渉して用船の契約をする仕事や，用船していた船を返す仕事などもこの業務に含まれることがある。

(9) 安全管理業務・品質管理業務

船が衝突・座礁などの事故を起こした場合，海運会社が損害をこうむるだけでなく環境破壊など社会的に及ぼす影響も重大である。このため国際条約では，海運会社とその会社の船に対して船の安全を確保するためのシステムを確立することを求めている。これは安全管理システムと呼ばれており，船や陸上の事務所で行っている業務が，このシステムに適合しているかをつねにチェックしなければならない。このシステムで決めていることが船の安全のために機能しているかどうかなどもつねにチェックしていかなければならない。これらのチェックを行い，不具合な点があれば改善を求め，それが実施されたことを確認する仕事を安全管理業務と呼んでいる。

会社が提供する製品（海運会社の場合は輸送というサービス）の品質を保つための管理システムを導入している会社では，安全管理システムと同様な作業が必要であり，これらは品質管理業務と呼ばれている。

(10) 企画関係業務・総務関係業務・経理関係業務

船員は海事技術を有する技術者であり，その技術の習得には長い時間を要するため，必要とする船員を容易に確保できるわけではない。海運会社では長期的な計画を立てて船員を入社させたり，教育を行ったり，海上勤務と陸上勤務のバランスを考えたりしている。また船員の確保だけでなく，世界経済や日本経済の動向を見据えながら船を計画的に建造していったり，営業の規模を計画的に拡大していったりというようなさまざまな計画を立ててそれを実行している。このような仕事を企画関係業務といい，それらの業務に配属される場合もある。また，海運会社だけでなくどの会社にも総務関係業務や経理関係業務と呼ばれる仕事を行う部門がある。

(11) 組合関係業務

日本人船員の場合，所属する海運会社が全日本海員組合と労働協約を結んでいれば，その労働協約に定められた「職場委員」という役職で陸上勤務をする場合がある。船員労働が労働協約のとおりに行われているかなどをチェックしたり，船員からの苦情や要望を聞いて処理をしたり，労働条件について会社と交渉する。

3　船舶管理会社

前項では「陸上勤務」のさまざまな業務内容を述べたが，それぞれの業務を行う部署がすべて一つの会社にあるわけではない。たとえば船員管理業務，海務海技関係業務，保守整備業務，入渠検査業務，資材関係業務，燃料油関係業務，品質管理業務などを，それらの仕事を専門に行っている別の会社に委託している場合もあり，これらの業務を委託された会社を「船舶管理会社」と呼んでいる。

日本の海運会社の場合，もともと一つの会社の中にあって行っていた業務を，別の船舶管理会社を作ってそこに移したという場合が多い。そのため陸上勤務でこれらの業務を行う場合，関連会社である船舶管理会社に出向するという形で配属される場合もある。船舶管理会社を外国に設立した海運会社もあり，その場合は外国での勤務となることもある。

ただし船舶管理会社は，海運会社の中にあったものを別会社にしたという会社ばかりではない。船舶管理業務をすることを目的に設立された「独立系」と呼ばれる船舶管理会社も数多く存在する。これらの会社には海運会社で経験を積んだ海技士経験者などが集まり，もっぱら船舶管理業務の一部を代行することを社業としている。

4　マンニング会社

船舶管理業務のうち，船員を雇い，教育して海運会社に派遣するという業務だけを行う会社をマンニング会社という。日本の海運会社はフィリピン，韓国，中国，インドネシア，マレーシア，ミャンマー，ベトナム，インド，バングラデシュ，クロアチアなどの東欧諸国など，さまざまな国の船員を雇用している。このため，外国にも数多くのマンニング会社が存在する。外国のマンニング会社には，日本の海運会社が設立した会社や，日本の独立系の船舶管理会社が設立した会社，あるいは現地の人が設立した会社などがある。ここでは常時船員の募集が行われ，審査に合格した人は経歴や経験によってさまざまな教育研修を受けたのち船員として乗船する。

教育研修はマンニング会社の重要な業務の一つである。船員の教育内容は国際条約（STCW条約）によって基準が決められており，それらの基準を満足するように教育研修が行われている。このようなマンニング会社に配属され，外国人船員の雇用や教育研修業務に従事する場合もある。

学校紹介　弓削商船高等専門学校

学校全景

練習船「弓削丸」

本校は，1901（明治34）年創立の弓削海員学校の伝統と気風を受け継ぎ，百有余年の歴史を積み重ねてきました。日本を代表する海事都市今治と尾道を結ぶ「しまなみ海道」に近く，風光明媚な瀬戸内海のほぼ中央に位置しています。

海技技術者を養成する商船学科（航海コース・機関コース）だけでなく，工業系の電子機械工学科（1985年設置）と情報工学科（1988年設置）という，3つの専門学科（本科）と，本科卒業後の学士を取得できる専攻科として，商船系の海上輸送システム専攻と工業系の生産システム工学の2専攻があります。本科は1学年定員120人で，2017年度の本科在学生は664名です（商船学科実習生と海外からの留学生を含む）。そのうち女子は118人となっています。愛媛県と広島県の県境に位置している関係からか，愛媛県出身者225名，広島県290名と，両県の出身者が多いのは事実ですが，北海道2名，関東16名，近畿37名，九州22名など，全国から幅広い都道府県の出身者が在籍しています。

教育方針は，以下の通りです。

(1) 自然科学および専門技術の基礎力を身につけ，高度化かつ多様化してゆく科学技術に柔軟に対応できる人材の育成。
(2) 身の回りの諸現象，とくに海をとりまく自然・文化・歴史に好奇心を抱き，多角的に考えたり調べたりできる，独創力のある人材の育成。
(3) 日本および世界の文化や社会に関心を持ち，国際的視野でものが見られ，しかも人間として，技術者として高い倫理観を持った人材の育成。

実践的技術者を養成するために必要な教科学習・実験実習はもちろん，課外活動にも力を注いでいます。たとえば，2016年度の全国高専プログラミングコンテストでは10回目の文部科学大臣賞を獲得し，プロコン強豪校としての実力を発揮しました。また，2016年度全国高専体育大会では陸上競技の女子800mで優勝。その他，クラブとしてラグビー部，柔道部，剣道部，水泳部，卓球部，バドミントン部などが全国高専大会で活躍しています。

また，商船学科では商船系5高専によるハワイやフィリピンでのインターンシップだけではなく，放課後の外国人講師による英会話教室，外国人の短期留学生の受け入れ，アメリカの高校生との交流会など，幅広く英語教育に力を入れています。

沿革

1901年　愛媛県越智郡弓削村外一ケ村学校組合立弓削海員学校として創立。
1908年　愛媛県立弓削商船学校となる。
1951年　国立弓削商船高等学校となる。
1967年　国立弓削商船高等専門学校となる。
2004年　独立行政法人国立高等専門学校機構弓削商船高等専門学校となる。
2005年　海上輸送システム，生産システム専攻・専攻科設置

[問い合わせ先] 学生課教務係
〒794-2506　愛媛県越智郡上島町弓削下弓削1000
TEL 0897-77-4619　FAX 0897-77-4693
http://www.yuge.ac.jp/
kyoumu@yuge.ac.jp

第8講 港湾での仕事

永本和寿・湯田紀男

この講では，商船系高専卒業生が就職し，最も関係している船舶（商船，官庁船，特殊船）が使用する港湾施設の概要，その港に出入港する船舶の手続きや補助を行う業務について説明する。加えて，「物流とは何か」を考えるため，海運以外の運送事業についても簡単に触れておきたい。

1　港湾

港湾とは，外海からの風浪をさえぎり，船舶が安全に発着または停泊に使用できるようになっているもので，貨物の積み卸しや船客が乗降できる施設を備えているものである。港湾は使用目的から，商港，工業港，避難港，レクリエーション港，漁港などに分けられ，関税法による区別では，外国貿易船が出入りできる開港と，できない不開港に分かれている。

(1) 港の係船施設

埠頭とは，船を横付けして貨物の積み卸し，乗客の乗下船などの目的で海岸線，河岸に設けた構造物で，次のようなものがある。

■ 岸壁，物揚場

海岸線，河岸などに平行して，または海中に突き出して造られたコンクリート造りの構造物で，海底から垂直に設けられた壁である。壁には横付けする船の損傷を防止するために防舷物（ぼうげんぶつ）を取り付け，また，上部には係留索を係止するための鉄製ビットが等間隔に設置されている。海中に突出するものをとくに突堤岸壁，海岸線に河岸に沿って造られたものを平行岸壁という。

岸壁

物揚場とは，岸壁と構造は同じで，500総トン以下の船舶を対象とし，水深が4.5m以下のものをいう。

■ **栈橋**

海中に鉄柱またはコンクリート製の柱などを立て，その上に床を張った係船岸で，岸壁と並ぶ最も一般的な係船施設である。

栈橋

■ **浮栈橋**

木または鋼，コンクリートなどで作られた浮箱を海上に1個または数個，錨で固定し，陸岸と渡り橋で連結したもの。

■ **ドルフィン**

陸岸から離れた水面に木杭，ケーソン，矢板などを打ち込んで作った柱状の構造物。

浮栈橋

(2) 港湾の使用目的別分類

■ **商港**

外国貿易・内国貿易の取扱を主とする港で，定期船が多く出入港する港を「定期船港」，不定期船が主として出入港する港を「不定期船港」という。電気製品，機械製品，その他一般雑貨などの物流物資を取り扱う港。

阪神港（提供：神戸市みなと総局）

■ **工業港**

工業港に出入する船舶は，原油，LPG，エチレン，硫酸などを輸送する各種タンカー，鉱石専用船，石炭，燐鉱石，ボーキサイトなどを輸送する撒（ばら）積船や専用船が多く，船舶や港湾施設は生産活動の一部を分担している。臨海工業地帯などにおいて工場と一体となって建設される港。

■ **避難港**

台風時などにおいて船が安全に避難するための港。

■ **レクリエーション港**

ヨット，モーターボートなどのプレジャーボートの停泊，保管を行う港および遊覧船の発着する港。旅客船，遊覧船などが利用する港。

■ **漁港**

漁船が停泊，漁獲物の陸揚げ，出航の準備などを行う港で，漁獲物を陸揚げする港を「水揚港」，漁船の船籍港を「母港」という。

(3) 入出港に必要な手続き

船舶の入出港時に必要な多くの手続きを簡単に説明する。

■ **入港前に必要な手続き**

入港通報→入国管理局，検疫所
船舶保安情報→海上保安部署
係留施設使用許可申請→港湾管理者
危険物荷役許可申請など→港長
航路通報→海上交通センター
事前通報→信号所
保障契約情報→地方運輸局

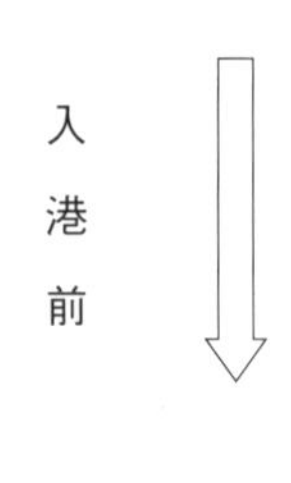

■ **入港時に必要な手続き**

入港届→税関，入国管理局，検疫所，
港長，港湾管理者
明告書→検疫所
乗員上陸許可申請→入国管理局

■ **出港時に必要な手続き**

出港届→税関，入国管理局，港長，
港湾管理者
とん税および特別とん税納付申告→税関

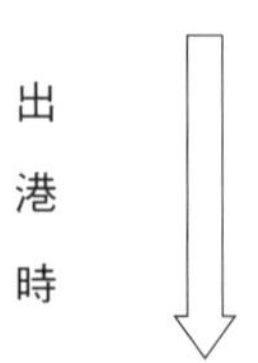

なお，入出港および荷役をする船舶に必要な多くの手続きをオンラインで処理することができるNACCS（Nippon Automated Cargo and Port Consolidated System）というシステムがある。このシステムは「輸出入・港湾関係情報処理システム株式会社」により管理運営されている。

(4) タグボートの業務

タグボートとは，小回りがあまりきかない大型船の離岸や着岸を補助したり，水上構造物の移動，進路警戒，外洋で海難救助の作業に従事したりする船で，曳船（えいせん），曳（ひ）き船などとも呼ばれる。

他船や構造物を動かすために使われるので，強力なエンジンを搭載しており，小さいながらも馬力が大きく，小回りがきくという特長がある。

タグボート（提供：日東タグ）

(5) 水先人（パイロット）の業務

日本では，水先人が船舶へ直接乗船し，船長に港内や狭水道の潮流などの情報が書かれた「水先情報カード」を手渡す。船長からは，水先人へ船舶の推進器や載荷状態に関する情報などが書かれた「パイロットカード」を手渡すことで，お互いの意思疎通を図っている。

船舶に取り付けてあるGPSなどの航海計器を適宜使用し，国際VHF無線やトランシーバーなどで出入港補助に使用するタグボート，先導船や地上と連絡を取りながら船長を補助し，船舶を目的の場所まで安全に誘導することが水先人の業務である。

水先人が乗船中の船舶は，「私の船にはパイロットを乗せている」という意味の国際信号旗「H旗」と呼ばれる赤白2色の旗を掲げなくてはならず，水先人を必要とする場合は「G旗」を掲げる。

水先人の資格

- **1級水先人**：制限なく，すべての船舶の水先を行うことができる。
- **2級水先人**：上限5万総トンまでの船舶（危険物積載船は上限2万総トンまで）の水先を行うことができる。
- **3級水先人**：上限2万総トンまでの船舶（危険物積載船は除く）の水先を行うことができる。

2　物流・運輸関係の仕事

(1) 物流の概要

物流とは「物の流れ」ではなく「物的流通」の略称で，商品が生産されてから，顧客に納品されるまでの，一連の物の動きにかかわる仕事のことをいう。以下，簡単に説明する。

横浜港（提供：横浜市港湾局）

- **輸配送**：工場で作られた製品をトラック・鉄道・船舶・航空機で小売店などへ運ぶこと。
- **荷役**：物を積み込んだり，降ろしたりすること。
- **倉庫保管**：製品を一時，途中の倉庫に適正な状態で貯蔵すること。
- **包装・梱包**：商品が汚れたり壊れたりしないように保護し，商品区分の表示をすること。
- **流通加工**：商品の加工，検査や，品揃え，値札つけなどをすること。

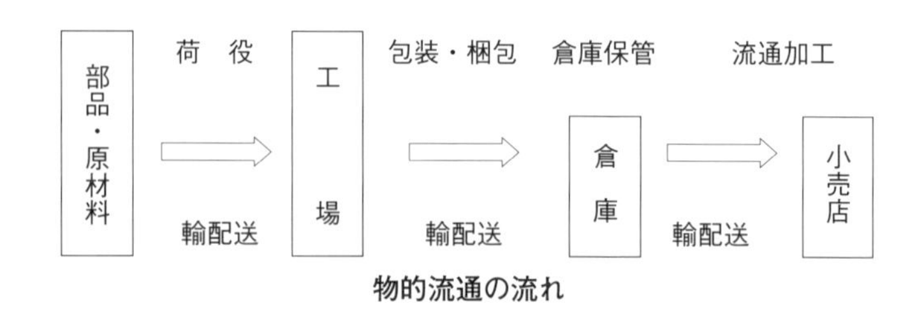

物的流通の流れ

(2) 運輸とはなにか

運輸とは，主として鉄道，自動車，船舶，航空機などの輸送機関を使って人や旅客，品物や貨物を運ぶことである。運輸は旅客輸送と貨物輸送に分けられ，どちらも移動量・輸送量ともに増加傾向にある。

以下，物流や運輸にたいへん重要な，海運や陸運および各輸送機関を簡単に説明する。

(3) 海運と陸運

海運とは船によって人や旅客，貨物を運ぶこと，すなわち海上運送をいう。海運の施設には船舶，港湾，航路などがあり，これらを活用する海運業は内航海運と外航海運に分けられる。日本国内の港間における航海を「内航」，日本と外国との間で航海をすることを「外航」といい，その貨物の輸送を一般に内航海運，外航海運と呼んでいる。

陸運とは陸上交通機関による旅客･貨物の輸送をいい，施設には道路，鉄道，パイプラインなどがあり，これらによる陸運業には国公私の鉄道，道路運送業，通運業などがある。

(4) 自動車輸送，航空輸送および鉄道輸送

四面を海に囲まれた日本において，船舶が中心となる海上輸送は「長距離，大量輸送に適した輸送機関」として国内物流の基幹的役割を担っている。ただし，商品や原料を海上輸送だけで，家庭や工場に運ぶことはできない。また近年，海上や陸上だけでは輸送日数がかかりすぎるため，「もっと早く，そして安い費用で輸送する方法はないか」というニーズに対応し，国際複合一貫輸送や，国土交通省が推奨する「モーダルシフト」が進められている。これらのことがわかるようになるためにも，海上輸送機関以外の各部門を簡単に説明してみよう。

■ 自動車輸送

近年，コンテナ船輸送の発達に伴い，複数の異なる輸送手段を組み合わせて行う複合一貫輸送，たとえばRoll on Roll off方式（コンテナを積んだトラックが自走でランプウェイを通り，船に出入りする方式）が発展してきた。

自動車輸送量は，鉄道輸送量をしのぎ，世界的にみても最も重要な陸上の輸送機関となっている。自動車は出発地から目的地まで直接的に輸送できるので，サービスの多様性・迅速性・機動性において優れているため，この特性を活かし，少量の貨物を多数の目的地に早く送り届けるのに適している。従来は大量の貨物の遠距離輸送はコスト高になりがちだったが，近年，一般道路の整備，高速道路網の完備，トラックの大型化によって，大量貨物の遠距離輸送の分野にも自動車の進出はめざましく，旅客輸送においても自家用乗用車の普及により，近距離や中距離の輸送において自動車の利用度が高まっている。

RORO船「神瑞丸」（提供：栗林商船）

■ 航空輸送

航空輸送は他の輸送機関に比べて，輸送に伴う時間が極端に短いという点に最も大きなメリットがある。また，貨物の損傷が少なく，高い安全性・信頼性がある反面，輸送費がきわめて高いため，少量の貨物，相対的に軽くて高価格品，緊急貨物，電子機器や精密機械のような付加価値の高い貨物，生鮮食料品や救援物資など時間価値の高い貨物が輸送対象物になっている。

輸送時間を海上輸送と比較すると，外国航路のコンテナ船が時速22ノット(時速約40km)で航海すると，東京からロサンゼルスまで9日間かかる。飛行機だと時速900kmで約9時間，アンカレッジ経由で約14時間かかる(一般の航空貨物専用機は，貨物をできるだけ多く積むために少なめの燃料でアンカレッジまで行き，ここで補油をして改めて目的地であるロサンゼルスに行くのが普通である)。このように輸送スピードの速さや貨物の損傷が少なく安全性が高いことなどを活かして，高い運賃ながら年々輸送量は増加している。

■ 鉄道輸送

鉄道は巨大な輸送能力を持ち，大量輸送に適し，工業の原材料や生活必需品などを輸送することにより，現在の社会経済を支えるのに不可欠の働きをしている。

ただし，鉄道輸送は他の交通機関の補助を要する場合が多く，近年は発達した自動車輸送や航空輸送に押され，特定の地域では減退傾向をたどり，路線の撤去に追い込まれているところも多いようである。

コンテナヤード
(提供：日本海事広報協会)

しかし，自動車輸送の増加は排気ガスによる大気汚染や騒音などの公害をはじめ，都市における駐車場の不足や道路交通の混雑など，種々の問題を引き起こしている。そのため，国土交通省は「トラックによる幹線貨物輸送を環境負荷の小さい鉄道・海運利用へと転換する」(国土交通省ホームページより)モーダルシフトを推進している。

学校紹介　富山高等専門学校

正門から望む射水キャンパス

臨海実習場と練習船「若潮丸」

本校は，2009年10月1日に富山工業高専と富山商船高専が統合し「富山高等専門学校」として設置された新しいモデルの高専です。本科に機械システム工学科，電気制御システム工学科，物質化学工学科ならびに電子情報工学科の工学系4学科と，文系の国際ビジネス学科，そして商船学科という幅広い教育分野の6学科を有する全国唯一の高専です。本科に引き続く2年間の専攻科も設置されており，教育・研究の高度化のための7年一貫の教育を行っています。教育理念として，「創意・創造」「自主・自律」「共存・共生」を掲げています。2017年度の射水キャンパス在学生は670名です。そのうち女子学生は293人と，高専としては女子比率の高い学校となっています。富山県出身者594名，石川県19名と地元や隣県出身者が多いのは事実ですが，学生寮もあり（希望入寮制），北海道から沖縄まで，24の都道府県からの学生が在籍しています。将来の進路を確実にするための教科学習はもちろん，課外活動や寮生活指導にも力を注いでいます。学校祭や球技大会，校内カッターレース大会など特色ある行事もあります。運動部・文化部とも熱心に活動しており，各種大会で良好な成績を収めています。クラブや同好会のない種目の学生についてもサポートしており，国際大会などで活躍している学生も在籍しています。

商船学科は，従前の富山商船高専の校地にあり，「射水キャンパス」と称しています。射水キャンパスには，電子情報工学科，国際ビジネス学科，商船学科が置かれています。統合による相乗効果を発揮し，より親身で充実した教育体制を実現しています。また，高等教育機関として，研究の高度化と地域貢献も推進しています。商船学科は，日本海側唯一の商船系学科として，1906（明治39）年の新湊町立甲種商船学校創設以来，百余年にわたる商船教育の伝統が引き継がれています。本学科は「航海コース」と「機関コース」の2コースを有し，2年生から選択したコースに分かれます。世界の海で活躍するグローバルスペシャリストの育成を目的とし，学生は海と船で使われる様々なテクノロジーを学びます。また特筆すべき点として，平成27年3月，商船系大学を含めても国内最大規模となる臨海実習場が移転新築されました。本校練習船「若潮丸」（231トン）による乗船実習や，最新の（大型）コンピュータによる操船シミュレーション実習など，充実した設備を通して船舶運航に関する理論と技術を学び即戦力を身につけます。そして，卒業後は多くの人材がナビゲータやエンジニアとして世界中で活躍しています。

これからも，富山高等専門学校は，次世代の海事人材の育成にまい進していきます。どうぞご期待ください。

沿革

1906年　新湊町立新湊甲種商船学校として創立。
1909年　富山県立商船学校となる。
1951年　国立富山商船高等学校となる。
1967年　国立富山商船高等専門学校となる。
2004年　独立行政法人国立高等専門学校機構富山商船高等専門学校となる。
2009年　富山高等専門学校設置（機械システム工学科，電気制御システム工学科，物質化学工学科，電子情報工学科，国際ビジネス学科，商船学科および専攻科）。

［問い合わせ先］射水キャンパス学生課
〒933-0293　富山県射水市海老江練合1-2
TEL 0766-86-5145　FAX 0766-86-5130
http://www.nc-toyama.ac.jp/
nyushi@nc-toyama.ac.jp

第9講 造船所での仕事

松永直也・秋葉貞洋

造船所では船をはじめさまざまな製品が製造されている。その製品は利用者がその価値を認める品質のものでなければならない。製作者が良い船だと主張しても，海運会社など利用者がその価値を十分感じなければ本当に良い船とはいえないだろう。そこで造船会社は，海運会社をはじめとする顧客へのヒアリングを徹底的に行い，ニーズを的確に捉えて船をつくることになる。ここで大切な役割を担うのが商船系海事技術者である。そのため，造船所では練習船実習を含む乗船経験のある海技士が活躍している例が多い。造船所で働く海技士は船の知識があり，かつ，海運会社の現場の要望をくみ取ることもできるので，さまざまな部署で活躍している。その例をいくつかあげてみよう。

①新造船部門で主機関や各種機械類を組み立て，据え付ける機装部

②新造船部門において船体や機器の各種検査などを行う品質保証部

③修繕船部門での修繕責任者(船体担当)

④修繕船部門での修繕責任者(機関担当)

⑤海上試運転の運航責任者(ドックマスター)

その他には乗船経験ある海技士が営業部門で活躍している例もある。

造船所での仕事を知るため，造船所内各部門での業務内容を通してどのような仕事がされているか見ていこう。造船所の各種部門には次のようなものがある。

1　新造船部門

2　修繕船部門

事業内容を造船に特化している会社は以上の部門が主であるが，船舶以外の製品を製造している会社では，さらに以下のような部門が置かれていることがある。

3　エネルギープラント製造部門

4　舶用エンジン部門・舶用機器部門

5　海洋構造物部門・橋梁部門

以上の部門について簡単に説明する。

1　新造船部門

造船所の組織の中で新しい船舶を建造する部門だ。建造される船の種類は造船所によっても異なるが，貨物船，コンテナ船，原油タンカー，LNG（液化天然ガス）船，LPG（液化石油ガス）船，撒（ばら）積専用船，自動車専用船，旅客船，フェリー，特殊船などである。そして，造船所の中には，船種を限定して建造する専門の会社もある。船の建造能力は，船台およびドックの大きさ・数によって決まり，新造船の受注契約から起工，進水，竣工引渡しに至るまでの，船ができるまでの工程は次のようになっている。

(1) 設計

船主からの依頼を受け，船の使用目的や用途によって建造する船の種類が決定される。出来上がった新造船の構想に基づいて船型や機器配置，エンジンの大きさ，鋼材の板厚を選定し，設計図を作成する。また，就航する航路によっても大きさや船型が異なるため，入念な打ち合わせを行い設計する。たとえば，2016年からパナマ運河を航行できる船舶のサイズが喫水12m，全長294m，幅32.3m以下から，喫水15.2m，全長366m，幅49m以下に変更された。そのため，今後はこのサイズを基準に船舶を設計することになる。

コンピュータを活用した設計
（提供：海の仕事.com）

水槽における模型実験の様子
（提供：海の仕事.com）

設計・製図にはCAD/CAM/CAEシステムなど，コンピュータを大幅に取り入れることで効率化が図られている。

設計は次の2つに大きく分けることができる。

基本設計：新造船の構想を練り，船の性能，概略の配置，構造を決める。

詳細設計：基本設計をもとに正確な寸法や配置を決定し，造船所の建造能力に合った建造方法を決定する。

近年の船舶は省エネルギー化が求められており，超高張力鋼利用による船体重量の軽量化や省エネ塗料による船体抵抗の軽減などにより燃料消費量の削減が図られている。

(2) 資材発注・調達

設計図に基づいて，船の建造に必要な鋼材や機器類などを発注する。この資材購入価格が船価に影響を及ぼすことになる。そして，必要な鋼材は船の建造工程に従い順次搬入されるよう手配される。

(3) 鋼材加工

調達された鋼材は切断機により切断され，切断された鋼材には曲げ，穴あけなどの加工が施される。鋼材の曲げ加工は，撓鉄（ぎょうてつ）と呼ばれ，バーナーでの加熱と水での冷却を巧みに繰り返し，所定の曲がりに加工する。

ローラーやプレスなどの鋼板加工機械も利用される。加工された鋼材を部材という。

機械による鉄厚板の切断
（提供：海の仕事.com）

技能者による曲げ作業「撓鉄」の様子
（提供：海の仕事.com）

(4) ブロック建造

加工された鋼材は溶接により組み立てられている。小組立て・中組立て・大組立てという各工程を経て，定盤（じょうばん）の上で少しずつ大きな組立て部品（これをブロックという）を製作していく。このように，船体各部を各々並行に製作することで工期を短縮でき，時間的・経済的なメリット

鋼材の組立（提供：海の仕事.com）

が生まれる。さらに工期を短縮する場合には，ブロックの製作を他の造船所や鉄工所などに外注することもある。造船会社によってはブロックを海外で製作し，ブロックごと輸入し国内で組み立てるという会社もある。一般的にはブロックを製作している段階で，電気配線・配管や機器類が取り付けられる先行艤装(ぎそう)が行われる。このような建造方法を，ブロック建造法という。

(5) 各ブロックの溶接による繋ぎ合わせ

ブロック製作工場から専用の重量物運搬トラクタで船台まで運ばれる。ブロックはクレーンで吊り上げられ，船台またはドックへ配置される。最初に配置されたブロックを基準ブロックといい，その後の各ブロック配置の基準となる。この基準ブロックの船台またはドックへの配置で起工とし，起工式を行う。そしてブロックを溶接で繋ぎ合わせ，船の形をつくっていく。各ブロックの大きさは，クレーンの吊り上げ能力によって決まるが，場合によっては海上クレーンという巨大なクレーンを要請して吊り上げることもある。すべてのブロックを繋ぎ合わせる場所が船台の場合を船台建造，ドックの場合をドック建造という。

船体の塗装は防錆・防食が主な目的だが，船底にカキやフジツボなどの海洋生物がつきにくい塗料を塗ることで，航海中の船体抵抗を減らし経済性を維持する役目もある。

ブロック搭載の様子（提供：海の仕事.com）

(6) 進水式

船体が完成するとその完成を祝う進水式が行われる。船台で建造された船体を水に浮かべる作業を進水といい，その儀式を進水式という。進水式は人間の誕生に相当し，船主と造船所関係者が出席して船の命名を行う。船台には3度程度の傾斜が付けられており，船体が滑り出さないように固定されている。支綱切断によって船体と船台の固定が外され，船が滑り出すようになっている。日本では船尾からの進水がほとんどだが，外国では舷側からの進水も行われている。

進水時に不幸にも転覆・沈没する船もあるため，進水時の数十秒間には進水保険がかけられている。世の中でいちばん短い保険ともいわれている。

船体の建造を船台で行わずドックで建造した場合は，ドックに注水し船体を浮上させる。これを浮上進水という。この場合，進水式は行わず，命名式を行うことが多いようだ。

(7) 艤装（ぎそう）（船内の仕上げ工事）

進水後は艤装岸壁に係留して航海に必要な装備を整える。この船内の仕上げ工事を艤装という。人の神経に相当する電気配線の工事，血管に相当するパイプ配管の接続工事もこの期間に完成させる。各種機器類の組み立て・据え付けについては，ブロック建造の先行艤装の段階でも行われるが，この艤装期間に機装部によって完成される。

たくさんの人がかかわる内装工事（艤装）
（提供：海の仕事.com）

この時期には船会社から船長・航海士・機関長・機関士が艤装員として派遣される。より良い船になるよう，船員の目線で船員の技術を生かしつつ，艤装の任務にあたることになる。近年はブロック建造の段階で多くの部品を取り付ける先行艤装が多く行われるため，進水後の艤装期間は減少傾向にある。

(8) 海上試運転

実際に海上を航海させて，船主との契約条件どおりにスピードが出るかなど，性能確認試験を行うのが海上試運転である。船がまだ完成していないため臨時航行許可を受け，造船所に在籍する海技免状保有者が船長（ドックマスターという）および機関長となり，造船所が船を運航させる。性能確認試験項目は，速力試験，連続航走試験，燃

海上における試運転（提供：海の仕事.com）

料消費試験，操舵試験，旋回力試験など，多岐にわたる。そのため大型船になると試験項目も多く一日では終わらないため，数日かけて海上試運転を行う。各種検査は一般に造船所の品質保証部が行い，海上試運転には造船所，船主，機器メーカー，検査官などが乗船し，性能試験結果を確認する。

(9) 竣工(しゅんこう)・引渡し

海上試運転で性能を確認した後，造船所から船主へ船が引き渡される。各種機器の予備部品，船の運航に必要な船用品，燃料油，潤滑油，食糧，水などを積載し就航する。

2　修繕船部門

造船所で建造され就航している船舶が，検査・修理などでお世話になる部門が修繕船部門である。修繕船部門でも商船系技術者が活躍している例が多い。就航中の船は，検査を受けるために定期的にドックに入る（入渠(にゅうきょ)）。入渠は人間でたとえると人間ドックに相当すると考えていいだろう。また，航海中に突如発生するトラブルなどは，ほとんどの場合は機関長・機関士などの乗組員によって修理される。しかし，衝突や修理不可能なトラブルの場合には造船所まで回航し，ドックに入ることになる。修繕船部門では船体や機関など，船のすべての部分の修理・改造などを行う。就航している船がドックに入ると，航海士・機関士がそれぞれ造船所の船体担当技師・機関担当技師と検査や工事について打ち合わせを行う。そして，現場の状況に応じて，臨機応変に修理対応する。この打ち合わせを行う造船所の船体・機関担当技師にも商船系海事技術者が活躍していることが多い。つまり，乗船経験のある海技士なら，船の現場責任者である航海士・機関士が作成した工事仕様書など，工事や検査などの要望についてすぐに理解できるため，工事や検査がおのずとスムーズに運ぶことになる。

定期的な検査以外に行われる大きな修繕には次のようなものがある。

①事故による復旧工事

②船舶の改造工事

③船体の切断延長工事

④燃費の良い主機関への換装工事

つまり，船舶による海上輸送を安全に，そして安定的に支えている部門が修繕船部門といえる。

木製の船に比べて鋼船の寿命は格段に長いが，長期にわたって船を使用するには錆びて腐食の進んだ鋼材を取り替えるなど，船体の保守整備に努めなければならない。そのため，就航後5年間隔で定期検査が行われ，その間には中間検査が行われる。さらに，就航後10年から15年を経過すると定期検査では鋼材の板厚検査が追加され，船体強度が維持されているか確認が行われる。検査項目は船体に限らず推進機関や救命関係器具など，人命の安全に関するものなどについても行われる。

3　エネルギープラント製造部門

造船所の中には船の建造を専門に行っている造船所と，船の建造にとどまらず舶用エンジンや舶用機器類，火力・水力・原子力発電システムなどのエネルギープラント主要機器，油田開発の掘削リグまで建造している会社もある。水力を利用する水力発電所は河川に建設されるが，火力発電所や原子力発電所は多量の冷却水を必要とすること，また燃料供給の面から海辺に建設されることが多く，造船所で建造した発電プラント機器をそのまま運搬船に載せて発電所建設地まで運ぶ。そのため，造船所は海辺という立地条件からも，大型建造物の建造・輸送に有利といえるだろう。

世界的に船腹供給量が増加し，建造船市場の船価が下がってしまった場合などは，船に代わる建造物としてエネルギープラントの製造など陸上の大型建造物の製作に力を入れる場合もある。造船所は重厚長大物の製品なら何でも造ってしまうのである。

4　舶用エンジン部門・舶用機器部門

船舶用の大型エンジン，ボイラや蒸気タービンなど，舶用機器を造船所内の工場で製作している会社も存在する。このような会社は舶用エンジンや舶用機器類を製造していない他の造船所から受注し，艤装期間内に納品を完了することになる。船に関する知識および舶用エンジンや舶用機器類の知識も必要であることから，商船系海事技術者も多く活躍している。

5　海洋構造物部門・橋梁部門

現在では人の住む島ならほとんど港湾設備が整備されているが，これら島々に就航する旅客船やフェリーが発着する港湾設備，浮き桟橋などの海洋構造物を製作する部門である。瀬戸大橋，しまなみ海道などに架けられているような橋梁を製作する部門を持つ造船所もある。

商船学科ってどんなところ？

■5年半の教育課程を経て卒業する学科である

商船系高専5校は，国土交通大臣によって第一種船舶職員養成施設に指定されている。国際条約（STCW条約）が要求する知識・技術レベルを満たした，力量と品格を兼ね備えた船舶職員を輩出することが，商船学科の果たすべき使命である。座学だけでなく，教育の現場を実際の「海と船」に求めるところに最大の特色がある。

練習船での安全講習（鳥羽商船高専）

5年間で卒業する他の学科と異なり，5年6カ月の教育課程を編成している（入学は4月で卒業は9月）。卒業までの5年6カ月の間，2学年で1カ月，4学年で5カ月，5学年修了後6カ月の航海訓練所での乗船実習に取り組むことになる（帆船「日本丸」「海王丸」の練習船実習も行われる）。実習課程修了後，準学士（商船学）の称号と三級海技士の筆記試験免除特典を受け，卒業することになる。また，卒業後には，学士号取得が可能な専攻科（海事関係の専攻科は10月入学で9月卒業）への進学や大学への編入の道も開かれている。

富山高専練習船「若潮丸」
エンジンルーム

■航海コースと機関コースの2つのコースから成る複合学科である

航海コースは，外国航路を航海する船の航海士・船長を養成することを主目的としている。貴重な人命と莫大な財産である船や高価な積荷を，安全かつ経済的に目的地まで着実に送り届けることのできる人材の育成に努力してきた。また，港湾管理や倉庫業や陸上物流業など，さまざまな分野の物流管理技術者として就職する学生も多い。

機関コースは，外国航路を航海する船の機関士・機関長を養成することを主目的としている。安全運航のために必要な多種多様な設備や機器を，確実・安全に稼働させることのできる人材を海運界に送り出してきた。エネルギー，機械，電気，自動制御といった幅広い専門知識を体得して卒業するため，幅広い分野に就職し，活躍している。

ちなみに，富山は2学年から，鳥羽，広島，大島は3学年前期から，弓削は3学年後期から，航海・機関のコースに分かれることになっている。

エンジニアの仕事

三原伊文

大きな船の機関室(エンジンルーム)は動くプラントとよくいわれる。プラントは聞いたことがなくてもプランターは知っているだろう。そう，元々の意味は植物だが，産業界では規模の大きな工場施設をいう。

船の機関士になるために学んだことが非常に高く評価され，商船学科を卒業した人が陸上のプラントで大勢働いている。この講は機関コース卒業生の陸上企業での仕事が中心だが，一部，航海コース卒業生の陸上企業での仕事についても説明しよう。

1　オールラウンド・エンジニア

船を動かすのは航海士だ。“オフィサー”と呼ばれている。商船学科の航海コースを出た人がする仕事である。航海コースでは，単に船を動かすだけでなく，輸出入の仕組みや，物を運ぶシステム，安全に海を航海する交通のシステムなどを，最新の技術を使って学んでいる。

だから，航海コースを出た大勢の人が，男の人も，女の人も，海と陸の接点で，輸出入の仕事に携わっている。私たちは“渚の仕事”と呼んでいる。

船を動かす人が航海士なら，その船を動かす機械を，動かす人が機関士である。船では“エンジニア”と呼ばれている。機関コースを出た人がする仕事である。

あなたは，メカが好きだろうか。車のエンジンに興味があるだろうか。もしそうなら，商船学科の機関コースがいい。

なぜか。エネルギーに詳しいオールラウンドのエンジニアになれるからだ。

自動車を例に考えてみよう。車をスタートさせるにはモーターが必要である。エンジンが起動し，車輪を回し続けるには燃料などを送るポンプが欠かせない。真夏であれば車内にエアコンが不可欠である。これらの運転状態を最適に保つためには制御装置もなくてはならない。そう考えると，自動車はひとつのシステムであることがわかるだろう。

あなたが機関コースで学ぶのは，もっと大きなシステムだ。豪華客船のディーゼルエンジンは4階建てのビルに相当する。液化天然ガス(LNG)を運ぶ船は蒸気タービンで動いているが,そのエンジンルームは発電所と錯覚するだろう。大きいばかりではない。日本と韓国を結ぶジェットフォイルという高速船で用いられているガスタービンは小さいが,鉄腕アトムみたいにパワフルだ。また,エンジンや発電機を遠隔で操作する機関制御室は,たくさんの電気電子機器やパソコンがあって,宇宙船の操縦室かと思うだろう。機関コースの特徴はこのように熱エネルギーや電気エネルギーについて,たくさん勉強することにある。

地球環境をどう守るか。石油などの化石燃料がなくなることにどう対処するか。いま,人類に大きな課題が投げかけられている。2003年からは,百貨店やオフィスビルなどにもエネルギー管理士の資格を持つ人を置かねばならなくなった。私たちには,海と陸とを問わず,エネルギーに関するエキスパートを育てているという自負がある。

ここで,エネルギー管理士という資格について説明しておこう。

2008年7月15日,全国の漁師の人たちが燃料の急激な値上がりに対して「廃業するしかない」と抗議し,20万隻の漁船の「スト」に打って出たことを覚えているだろうか。

このように,エネルギー資源の乏しい日本にとって,エネルギーをできるだけ有効に使用することは重要な課題だ。そのため,1979年に「エネルギーの使用の合理化に関する法律」(通称「省エネルギー法」)が制定され,種々の省エネルギー対策が推進されてきた。このエネルギー管理士制度は次のように定められている。

「規定量以上のエネルギーを使用する工場は,第一種エネルギー管理指定工場に指定されます。このうち製造業,鉱業,電気供給業,ガス供給業,熱供給業の5業種は,エネルギーの使用量に応じてエネルギー管理士の免状の交付を受けている人のうちから1人ないし4人のエネルギー管理者を選任しなければなりません。」「エネルギー管理者は……エネルギーを消費する設備の維持,エネルギーの使用の方法の改善及び監視その他経済産業省令で定める業務を管理する。」「……事業者はエネルギーの使用の合理化に関しエネルギー管理者の意見を尊重しなければならないこと,従業員は,エネルギー管理者の指示に従わなければならない……」(財団法人 省エネルギーセンター・ホームページより)。

資源に限りある日本では有望な資格の1つであり,それなりの権限があることもわかるだろう。

製造業などの企業では，通常，入社して5年ぐらい経った人に受験を勧めているそうだが，合格率はせいぜい30％。なかなかの難関なのだ。たとえば大島商船高専では，その試験のための特別の授業はやっていないが，これまで4人が合格している。合格した学生が，「学校で習ったことがほとんどなので，そんなに難しいことはなかったです」というのもうなずける。なるほど，船のエンジニアは名称こそ違うが，エネルギー管理士そのものなのだ。

機械のことだけを詳しく教えてくれる大学・高専・高校は全国に数多くあるが，エンジンも電気も冷凍機もと，これらをシステムとして教えてくれる学校は全国にも数えるほどしかない。その貴重な存在として，5つの商船高専がある。しかも，商船高専ではこれらのことを机に向かって勉強するばかりではない。学校の練習船や航海訓練所の練習船で，現物を触りながら勉強する。だから，体を動かすことが好きで，好奇心旺盛なあなたにぴったりの学科であり，コースなのだ。

船のエンジンシステムを知って，英語が使えれば，世界中どこに行っても飯が食える。世の中がどう変わっても，飯が食える。

2　不況知らず

バブルって知っているだろうか。英語本来の意味は“泡”だけれど，日本語として使われる場合，昭和の終わりから平成の初めにかけての“バブル景気”のことを意味する場合が多い。その後，10年間もの“平成不況”が続き，“失われた10年”とも呼ばれている。まったくの“就職氷河期”で，多くの大学生が20社以上もの就職試験を受け，それでも働くところが見つからなかった時代だ。

「大学生　就職内定60％　来春卒業，過去最悪」。2003年11月15日付の毎日新聞の見出しである。1996年以来，文部科学省と厚生労働省は毎年10月1日現在の就職内定状況を調べている。記事はその公表結果に基づくもので，「男子大学生61.1％，女子大学生59.1％。高校生は34.5％。男子38.6％，女子は29.9％で，女子に限ると初めて30％を割り込んだ」と続く。

官庁通信社の発行する『文教速報』には，その詳細が記載されており，「女子短大生29.0％，専門学校生34.7％」であった。「高専生は？」「95.0％！」。前年を1.1ポイント上回っている。その年ばかりじゃない。あの長い不況の真只中でも，高専生の10月1日現在の内定率が92％を切ったことはないのだ。

商船学科の卒業生がどんなところに就職しているか知っているだろうか。船会社は当然だけれど，陸上の，しかも実に広い分野に就職しているのだ。

航海コースの卒業生でも，船員以外の仕事として，コンテナターミナルや荷役管理など流通関連の職業，いわゆる“渚の仕事”に就いて，陸上で働いている。コンテナターミナルの荷役は，船はもちろん，タワーのようにどでかいガントリークレーンの操縦席さえも見下ろす，まるで飛行機の管制塔のようなところで行われている。

機関コース卒業生の就職分野はもっと幅広い。毎年，船に関係のある造船所やディーゼルエンジンメーカーのほか，繊維会社，空調会社，ボイラ会社，製油所，石油化学会社に就職している。日本人なら誰でも知っている化粧品会社にだって就職している。

卒業生の評価は実に高い。行く先々で,「いい卒業生をありがとうございます」と，何度いわれたことだろう。就職担当の私は，その都度,「いい仕事をさせてもらってるなあ」と，学校と卒業生につくづく感謝したものだ。

3　先輩の仕事ぶり

卒業生が陸上で実際にどんな仕事をしているか，先輩にもらったメールで紹介しよう。

以下に記すのは，大きなプラントを有する典型的な例として，製造機械のみならず，自家発電設備も有する大手繊維会社に勤めるT君からのメールである。T君，37歳。小学校と幼稚園に通う2人の息子の父親。いま，まさに働き盛りである。

> 現在，エネルギー管理グループに所属しています。工場エネルギーの管理が主な仕事です。本日も月末ですので，今月分エネルギー使用量の計算や電力検針および原料燃料の購入・検収などに追われております。
>
> 世の中の動きがそうであるように，当工場でも省エネやCO_2削減目標のプロジェクトを立ち上げ，全社で取り組んでいます。そのとりまとめが私の担当です。
>
> ボイラ，タービンや熱力学などの授業は実作業に非常に役に立ち，もう少し勉強しておくべきだったと思っています。
>
> エネルギー管理士も熱・電気の両方とも取得しました。
>
> この3年間，当工場は建設ラッシュで大量の採用をしました。炭素繊維の

> 世界一の生産工場であり，新型航空機にも用いられるため，増設に次ぐ増設なのです。
> 　まだまだ暑い日が続きますが，お体に気を付けられ，後輩たちの指導に変わらぬ情熱を注がれますよう，お祈りいたします。

以下はそのT君の一日である。船のエンジニアの仕事の延長線上にあるといえよう。

8:30　出社
8:45～　自家発電設備の運転状況およびデータ確認
9:30～　省エネ委員会の資料作成
　・各部署の省エネ実績
　・省エネプロジェクト進捗状況
　・CO_2削減量
12:00～　休憩
13:00～　設備増設会議
（原価算出用の基礎データ担当）
　・用役（水，蒸気，電力など）単価算出
　・CO_2排出量の推移予測
　・必要要員および必要経費の算出
15:00～　工場若手社員教育の講師
　・文書作成，作業標準書遵守についての指導担当
16:30～　原料，燃料などの発注作業
17:30　終業
18:00～　クラブ活動指導

化学プラント工場で活躍するF君，26歳。高専在学中にエネルギー管理士（熱）の試験に合格し，地元の新聞でも紹介された人である。

「エネルギー部のスタッフとして，ボイラ，タービンなどの設備機械の安全管理に携わっています。時々発生するトラブルへの対応や設備改善などのメンテナンス（保守）業務のほか，新規設備の設計や工事・試運転の監督などの仕事もしています」と，メールをくれた。

エアコンなどの空調機械のメーカーでは，ずっと以前から多くの卒業生が活

躍している。冷凍機の知識だけでなく，電気電子機器や自動制御あるいはポンプ，送風機など幅広い分野に通じているからだ。その一人のO君，28歳。エース級のサービスエンジニアとして，評価が高い。その会社のホームページで，次のように述べている。

> 商船学科の機関コースで主にディーゼルエンジンプラントや蒸気タービンプラント，冷凍機などのメカニズムを勉強していました。遠洋航海の訓練では船乗りの心構え，“one for all, all for one”の精神を，身をもって知り貴重な経験をしました。ただ，船員は最初から就職の選択肢にはなく，学んだ知識を生かせることを前提に幅広く考えていました。当社に決めたのはこれまでの勉強が生きると同時に，不況の時でもリストラを実施していないと知ったから。人を大切にする心意気。それは遠洋航海での経験に重なるところがあり，迷いやためらいはありませんでした。それは実際に働いてみても，イメージ通りでした。
>
> 新人時代，ようやく一人で現場を任せてもらえるようになった時のことです。クレーム対応で現場に急行したものの，判断に迷って自分で処理しきれなかった。事務所に戻って先輩にその報告をすると，「現場に行った意味がない。その場で何らかの対応をすれば，後は必ずこちらで何とかする。これからは逃げるな」と叱責されたのです。この時の経験は今でも忘れません。真剣に取り組んでいれば，何かあってもカバーしてくれる。自分を思って叱ってくれた。そう思うだけに，何かあるたびに直面する問題から逃げていないか。今でも自問することがあります。
>
> 当社は現在，グローバル空調No.1を目指して大躍進中です。その一環として，海外実践研修生という研修があり，私もその一員として，現在は国内サービスを離れ，アメリカで実践研修を受けています。英語とは学生時代にサヨナラした私がアメリカで研修することになったのです。研修といっても，用意されたプランがあるわけではなく，自分自身で目標を定め，その目標に向けて，自分で研修計画を立てるといった，かなりユニークな研修です。もちろん，現地に駐在されている方々から，色々な事を教えてもらいながら研修を実施するのですが，言葉も，業務も分からないことが殆どで，戸惑う事も多々あります。しかし，国内で培った技術と精神を海外で試す絶好の機会でもあります。また，私を海外へ送ってくれた方々や，アメリカで様々なこと

> を教えてくれる先輩方の思いに応えるためにも，挑戦の歩みを止める事はできません！！
>
> （ダイキン工業株式会社ホームページより）

機関コースの卒業生で，海と陸の接点，コンテナターミナルで活躍している別のO君。エアコンメーカーの上記O君のクラスメートで28歳。いまの会社から，逆指名されて入社した男である。相手はなんともでっかいガントリークレーンや岸壁狭しと動き回るフォークリフトなどの荷役機械だ。どちらかといえば，電気関係の機械が多いが，エンジンで駆動されるものもあり，電気・機械の両方の知識が要求される。

「メンテナンスは毎日違う作業なので飽きることがなく，やり甲斐のある仕事だと思っています。今後，冷凍ユニット修理やコンテナ修理，はたまた海外赴任なんてこともあるかも知れません」と，自分の仕事に対する感想を書き送ってくれた。

航空会社に勤務するA君，38歳。英語が好きだった。彼はメールで次のようにいう。「商船高専を卒業して良かったことは，機械に対してのセンスが身についていたことです。商船高専の教育は，技術者を養成するため多くの機械を導入し，学生へ積極的に触らせること，学生数に対する教員の数が多くきめ細かい教育ができていること，学校や航海訓練所の練習船そのものがコンピュータ，電気，電子，空調，ボイラおよびサニタリー機器（衛生設備）など，生活のすべてにかかわる機器が備わったマシンであることによると思います」。彼の現職は整備本部技術部システム技術室の客室技術グループ技術主任である。

4　宇宙船地球号

どうだろう，宇宙船地球号のスーパーインテンダントにならないか。スーパーインテンダントって，あまり聞いたことがないだろうか。Superintendentと書く。いろんな意味があるが，船や陸上施設における指導監督者という意味で，海外だけでなく，日本でもSIと略して，よく使われている。

あなたもよく知っているように，私たちの住む地球は，温暖化，酸性雨，光化学スモッグなど，実に深刻な問題に直面している。最近ではとくに温暖化が深刻だ。2008年7月には，世界の首脳が洞爺湖に集まって，温暖化について話し合った。その根本原因は化石燃料の大量消費だ。石油や石炭などを化石燃料というのだが，18世紀の産業革命以来，この化石燃料を好き放題使って，便利さを追求してきた結果生じたものだ。当然，その量も限られており，22世紀を待たずして使い尽くされるだろうといわれている。

5つの商船高専はそれぞれが練習船を持っている。この船も石油を燃やして走っているけれど，船の乗組員の人たちは「どうしたら，この船を安全に運航できるだろうか」「どうしたら，そのエネルギーを有効に使えるだろうか」「どうしたら，きれいな海を汚さなくて済むだろうか」と，いつも考えている。陸上のプラントで働いている人たちも同じだ。このことが，結局，「どうしたら，宇宙船地球号を安全に操縦できるだろうか」「どうしたら，限られた地球のエネルギーを有効に使えるだろうか」「どうしたら，地球の温暖化を防止できるだろうか」と，考えることになる。

スーパーインテンダントになって，宇宙という広大な海に浮かぶ船，宇宙船地球号をあなたの手で守ってほしい。

海という文字の中には母がある。生命は海で生まれ，育まれ，やがて，陸へ空へと，その活動範囲を広げてきた。あなたも，海と船で，生きる力の基礎を学ぼう。

練習船実習を終えてきた学生は人間的に一回りも二回りも大きくなって卒業していく。1982年に卒業したあるOBの言葉を結びとしよう。「私たちが練習船で何を学ぶかといえば，船をコントロールすること，機械をコントロールすること，そして，自分をコントロールすることなんですね」。

第11講 公務員の仕事

遠藤 真

知り合いや先輩が公務員試験を受けたとか，公務員になったなどと聞いたことがあるだろう。とはいうものの，公務員とは何なのか，どんな人たちで，どのような仕事をするのかについて，理解している学生は少ないように思える。一般行政事務だけでなく，海・船・港に関連する職種もあり，商船学科の学生にとって，魅力のある進路の一つでもある。

以下，海・船・港に関連する公務員の仕事や採用方法（試験）について解説していこう。

1　公務員とは

(1) 公務員の定義

国土交通省や文部科学省などの国の機関や，県庁や市役所などの県や市の機関などに勤める人を公務員と呼んでいる。政府の各省庁や，県庁や市役所の職員のみならず，自衛官，海上保安官，気象庁の観測船の乗組員，消防署員，警察官，公立学校の先生，裁判官，国会職員なども，みな，公務員である。

公務員とは職業ではなく，身分を意味するものであり，国の機関や地方公共団体（都道府県や市町村）などに勤務する人のことである。わかりやすくいえば，市民・県民を含む国民に奉仕することを仕事とし，給与は税金から支給されている人のことである。公務員全体はpublic service，ひとりの公務員はa public servantと英語では訳されている。

(2) 国家公務員と地方公務員

公務員は国家公務員と地方公務員に大別される。

■ **国家公務員**

国土交通省や文部科学省などの国の機関に勤める職員である。2017年現在，国家公務員数は約58万人となっており，そのうち約25万人は自衛官である。

■ **地方公務員**

県や市や村などの地方公共団体の機関に勤める職員であり，その職員数は全国で約274万人となっている（2017年4月総務省報告）。

公務員は試験を経て採用されることが原則となっており，この採用試験を公務員試験と呼んでいる。公務員の給与は税金で賄われることなどから給与関係法により規定されている。

(3) 公務員の区分

公務員は業務の専門性や特殊性などから，採用の時点から，いくつかの区分に分けられている。

行政職：行政にかかわる一般の事務を担当する職員

専門行政職：船舶検査官，航空管制官などの高度な技術に基づく業務を担当する職員

税務職：徴収などの税に関連する業務に従事する職員

教育職：教員

医療職：公立病院の医師，薬剤師，看護師や，役所における保健師，栄養士など

研究職：公立の研究機関や検査機関の技術職員

公安職：警察官，消防吏員などの治安・安全に関係する業務を担当する職員

(4) 公務員の義務と権利

公務員となった後は，公的な業務に携わることなどから，以下に示す義務を負うことになる。

- 国民に奉仕する者として公共の利益のために働く義務
- 職務に専念し，遂行する義務
- 法令と上司の命令に従う義務
- 業務上の情報すべての秘密を守る義務
- 勤務時間外を含め，信用と品位を保つ義務

公務員にはストライキや政治的行為の禁止など，一般的な労働者に認められている権利にいくつかの制限が加えられている。

これらの義務と制限がある代償として，本人の希望や懲戒以外に免職されることがないこと，すなわち，身分保障に関する権利などが認められている。

公務員の給与は誰が決めるの？

一般的な企業は会社と労働組合の折衝により給与などが決定される。一方，給与が給与法で規定されている国家公務員の場合，社会一般の情勢に適応した適正な給与を確保する機能を人事院が担っている。人事院は国家公務員の給与水準を民間企業従業員の給与水準と均衡させることを基本として，政府に勧告し，政府は勧告に従い給与法を改定している。地方公務員の給与改定は国家公務員の給与改定を参考にして実施されている例が多い。

(5) 公務員の魅力は？

公務員になるには公務員採用試験を通らなければならない。公務員になった後は国民に奉仕する者として多くの義務を守りながら働かなければならず，給与も大手企業に比べれば低いといわれている。にもかかわらず，なぜ公務員になろうとするのか，公務員の魅力とは何かを整理してみる。

「安定していること」：勤め先が公的な機関なので，一般の会社のように倒産することがほとんどない。

「降格や解雇されることがほとんどないこと」：身分保障に関する権利で守られているので，本人の意に反して降任，休職，免職されることがない。

「勤務時間が長くなく，休暇もとれること」：公的機関の労働環境・条件の社会的影響の大きさから，残業時間を減らすように，また，休暇は取得することが勧められている。

「学歴や性による勤務条件の差がないこと」：社会的には存在する勤務上の学歴差や男女差がきわめて少ない。

これらの公務員の魅力が，不況時には公務員希望者を生じ，女性の公務員希望者の増加にもつながっている。

2　海・船・港に関連した公務員の仕事

四面を海で囲まれた日本において，多くの海・船・港に関連した公務員が働いている。

海と船について学んだ知識と技術を通して，民間企業と違う立場と視点から，社会に貢献したいと考えている人などには最適な仕事を与える職業となると考える。

商船学科卒業生が進んだ公務員としての職場の例をいくつか解説する。

(1) 国家公務員としての例

■ 国土交通省造船職員（海事技術専門官）

船舶のトン数や安全性を検査する業務などを担当する国土交通省の職員であり，商船高専の商船学科の卒業生が採用試験（国家公務員採用一般職試験（大卒程度試験）相当）を経て採用されている実績がある。船舶検査官，船舶測度官，外国船舶監督官の3つの執行官は，2006年に海事技術専門官として統合された。女性の海事技術専門官も多い。採用試験は毎年実施されている。

■ 航海訓練所教員

航海訓練所は船員を目指す学生の航海実習を担う国土交通省所管の独立行政法人であり，商船高専商船学科の卒業生が商船高専専攻科や海事系大学へ進学し，学士号を取得し，教員となって勤務している。採用は公務員試験ではなく，航海訓練所による一般企業と同様の採用試験が，毎年，実施されている。

■ 海洋気象観測船職員

函館，舞鶴，長崎の海洋気象台などに所属する海洋気象観測船に運航と観測業務を担う乗組員として勤務する気象庁の職員であり，何人かの商船高専商船学科の卒業生が働いている。定期的な募集・採用はなく，退職者補充が原則となっている。

■ 海上保安官

海上保安官として巡視船・巡視艇に乗り組み，日本全国の海上保安業務に携わる海上保安庁の職員である。海上保安官になるには，毎年実施される海上保安大学校および海上保安学校の学生採用試験に合格することが条件であり，商船高専商船学科の卒業生が海上保安官として勤務している実績は多い。

■ 海事系の大学・高専の教員・職員

文部科学省所管の独立行政法人である東京海洋大学海洋工学部と神戸大学海事科学部（ともに旧・商船大学）は商船学の最高学府であり，商船学の教育と研究を行っている。何人もの商船高専商船学科の卒業生が大学，大学院に進学し，学位（博士号）を取得し，教員（教授，准教授など）になっている。また，同様に，商船高専，海事教育機構などの海事系教育機関の教員，練習船乗組員，技術職員になっている。定期的な募集・採用はなく，公募による退職者補充が原則となっている。

■ **海上自衛官**

海上自衛艦の運航などに従事し，日本を護る防衛省の職員である。自衛官採用試験は毎年実施され，商船高専商船学科の卒業生が海上自衛官として勤務している実績がある。

(2) 地方公務員の例

■ **港湾局などの職員**

港を保有する県や市には必ず港湾局あるいは港湾管理組合などの準公的機関があり，港の運営，管理と保全などを担う県，市あるいは準公的機関の職員である。船の運航を学んだ商船高専商船学科の卒業生が採用され，勤務している実績は多い。県や市の職員採用は一般的な公務員試験が義務付けられており，採用後の配属が港湾局になるとは限らない。港湾管理組合などの準公的機関の採用は一般企業と同様の採用試験が実施されているが，退職者補充が原則となっている。

■ **警察官（水上警察，一般）**

港につながる河川や大きな湖を保有する県には水上警察があり，警備艇に乗り組み，海上保安庁の管轄外の内水面の保安業務を担当する県の警察官である。水上警察も警察であり，警察官であるので，警察官採用試験に合格することが採用条件となっているが，警備艇の乗組員の募集は退職者補充が原則となっている。一般の警察官も含め，何人かの商船高専商船学科の卒業生が勤務している。

■ **消防吏員（一般，消防艇）**

港を保有する県や市には水上消防署があり，消防艇を運航している。消防艇に乗り組み，水上の防火・救急業務を担当する県，市の職員である。消防吏員採用試験に合格することが採用条件となっているが，消防艇の乗組員の募集は退職者補充が原則となっており，何人かの商船高専商船学科の卒業生が勤務している。

■ **漁業取締艇・漁業指導船職員**

海を有する県は密漁などを防ぐ漁業取締船，漁業指導や漁業調査を行う漁業調査・指導船を保有している。漁業取締船や漁業調査・指導船に乗り組み，運航に携わる県の職員である。採用に際し，公務員試験が義務付けられている例は少ないが，退職者補充が原則となっており，何人かの商船高専商船学科の卒業生が勤務している。

■ **水産高校教諭**

海を有する県には水産（海洋）高校があり，漁業のみならず，海技免許取得を目的とした船舶運航なども教育されている。5年以上の海上実務経験のある3級海技士免許取得者は高等学校教諭一種免許状（商船）の検定を受験でき（教育職員免許法施行法第2条の付表20の4），商船高専商船学科の卒業生が水産高校の教諭として勤務している実績がある。水産高校の教諭採用枠は退職者補充が原則となっているようである。

3　公務員になるには

公務員になるには，原則として，公務員試験に合格し，採用されなければならない。公務員の定数などは法令で規定されているので，公務員の新規採用は定員の不足補充である。公務員試験に合格したことは「採用者候補名簿」に掲載されることであり，採用することを確約するものではない。すなわち，「公務員試験合格」は「公務員に内定」とは異なる。

公務員試験には国家公務員試験と地方公務員試験とがあり，商船高専商船学科卒業者が受験するに適した公務員試験とその概要を以下に紹介する。

(1) 国家公務員試験

■ **一般的な国家公務員試験**

商船高専卒業者が受験するに適当な一般的な国家公務員試験としては，短期大学や高等専門学校の卒業生も対象とした国家公務員採用一般職試験（大卒程度試験），高等学校卒業程度を対象とした一般職試験（高卒者試験）があり，毎年，実施されている。ただし，一般職試験（高卒者試験）は年齢制限から本科卒業時に1回だけ受験可能である。

試験名称	国家公務員採用一般職試験（大卒程度試験）		国家公務員採用一般職試験（高卒者試験）	
受　付	4月		6月	
第1次試験	5～6月	基礎能力試験と論文／記述／専門試験	9月	基礎能力試験と適性／作文／専門試験
第2次試験	6～8月	人物試験	10月	人物試験

第1次試験に合格するには公務員試験対策が必要であり，公務員試験関連の問題集などに基づき十分に勉強することが不可欠である。

人事院は省庁全体の採用を担い，国家公務員試験の窓口となっている。人事院の管理している国家公務員試験採用情報NAVI（http://www.jinji.go.jp/saiyo/saiyo.htm）などには国家公務員試験の情報が整理されて掲載されている。

■ **国土交通省造船職員採用試験**
（国家公務員採用一般職試験（大卒程度試験）相当）

以下に示すように，翌年9月の商船高専卒業を受験資格のひとつとしている唯一の公務員試験であり，海事技術専門官になるために毎年実施される国土交通省の採用試験である。第1次試験に合格するには教養試験と専門試験について，過去問などに基づき十分に勉強することが不可欠である。女性を含む商船高専卒業者が受験し，合格し，採用されている実績がある。詳細は国土交通省の職員採用情報を参照すること。

国土交通省造船職員採用試験（国家公務員採用一般職試験（大卒程度試験）相当）		
受験資格	短期大学または高等専門学校を卒業した者および翌年9月までに短期大学または高等専門学校を卒業見込みの者 大学を卒業した者および翌年3月までに大学を卒業見込みの者	
受付	4月～5月	
第1次試験	6月	基礎能力試験（多肢選択式）と専門試験（記述式，多肢選択式）
第2次試験	8月	人物試験（個別面接）

(2) 地方公務員試験

■ **一般的な地方公務員試験**

県や市などの地方公共団体の公務員となるための採用試験であり，商船高専卒業者が受験するに適当な一般的な地方公務員試験は中級と初級（地方公共団体によっては年齢制限で受験不可能）である。各地方公共団体によって試験の方法は異なるが，一般的には以下の内容で実施されていることが多く，採用枠は中級，初級ともに若干名となっていることがほとんどである。

一般的な地方公務員試験		
第1次試験	9月頃	教養・専門試験
第2次試験	10月頃	論文（作文）・面接・適性検査

第1次試験に合格するには公務員試験対策が必要であり，公務員試験関連の

問題集などに基づき十分に勉強することが不可欠である。

各地方公共団体の職員採用情報を参照すること。

公務員試験の情報を得るには？

書店に多くの公務員試験関連の本が並び，国も地方公共団体も採用情報のホームページなどによる開示に積極的に取り組んでいる。公務員を意識しはじめたときから少しずつ準備を進め，国家公務員なのか，地方公務員なのか，どんな区分の公務員になるのかの目標を定め，目標の公務員試験の情報を，本やホームページから正確に集めなくてはならない。そして，試験対策の計画を立て，計画を確実に実施すれば，あなたの公務員になるという夢は実現すると考える。

4　まとめ

商船高専商船学科の卒業生がなれる海・船・港に関連した公務員の仕事はたくさんあり

- 経営主体の民間企業とは違う視点から，日本の海や港の安全を守り，日本海運を支えたい人
- 海事技術者として国民，県民，市民のために働きたい人
- 次代の海と船を学ぶ学生や生徒を育てたい人
- 海と船の技術を研究し，社会貢献したい人

などには最適な仕事を与える職業となる。

ぜひ，自分の進路の一つに公務員があることと，その内容を理解してほしい。そして，海・船・港に関連した公務員を進路として希望する人は，公務員試験をパスするために着実に勉強してほしい。公務員試験のための勉強は，公務員として活躍することを実現するための“はじめの一歩”である。夢の実現を目指して頑張ってほしい。

より専門的な勉強をするために

山本桂一郎

就職してきちんとした仕事をするためには，学生時代にある程度の専門的な知識を備えていなければいけないことは，あなたもよくわかっていると思う。もちろん，国語，数学，理科，社会，英語などの教養科目をベースとし，専門的な学問が体系化されているので，一般科目についても，しっかりとした基礎を築くために勉強しておくことは重要である。この講では，専門的な知識を学ぶためにどのようにアプローチしていけばよいか，さらに専門的に学ぶためにどのような分野へ進学できるかについて，実例をふまえて書いていく。

1　卒業研究などでもっと勉強したいとき

あなたが，普段の授業などを通して，その内容に関する発展的な疑問を持つことは，暗記するだけではない勉強の面白さに気づいたことと考えてもよい。さらに，その疑問を自分で解くことは，調べる力，考える力を身につけることになり，本当の意味での勉強方法を身につけることになる。

主体的に学ぶための方法としては，担当する分野の先生に質問を投げかけることを一番に思いつくであろう。多くの先生は，勉強への意欲がある学生に対して，やさしく懇切丁寧に答えに導いてくれる。一方，友人に聞くというのも一つの手である。思いもかけず，その内容に詳しい可能性もあり，友人の新しい一面に気付くこともあるだろう。さらに，多くのわからないことをみんなで議論していくなかで，いままで考えもしなかったことに疑問を持ち，その分野の扉を開き，視野を広げるきっかけとなることがあるかもしれない。

また，自ら主体的に問題を解決していくためには，情報検索を行ったり，図書館を活用したりすることも大切である。これらの利点は，疑問を持った問題そのものを解決するだけでなく，結果にたどり着くまでの過程において多くの知識を得られる可能性があることである。すなわち，より広く学べるということである。情報検索では，ポータルサイト（検索サイト）を通じ，わからない疑問のキーワードを入力することで，答えを示してあるサイトの情報を得ることができる。しかし，ここで注意しなければならないことは，検索して見つけたサイトの内容が正しいかどうかという点である。サイトのアップロードは個人に任せてあり，信頼のおけるサイトでない場合には，第三者の確認がなされていないことに気をつけなければならない。そのためにも，一つのサイトの情報を鵜呑みにせず，多くの情報を調べたうえで結論を導くというプロセスを忘れてはならない。うまく活用すれば，強力なツールとなり視野を広げることができる。それから，いくらサイトに掲載されているからといってコピー&ペーストをしてはいけない。もし，参考としてコピーするのであれば，引用先を明確にしておくことが常識である。情報をコピーして自身のレポートとすることは不正であり著作権を侵害することはもちろんのこと，そんなことをしては，せっかく調べた意味がない。身につけるためには徹底的に調べて考えてまとめる必要がある。

学校の図書館で関係の書籍を閲覧することによって調べる方法も有効である。書籍の利点は，調べたいことについて時間をかけてじっくりと向き合える点にある。さらに時間をかけて調べたい場合には，書籍を借りて，自分の家などで勉強することもできる。図書館にあるたくさんの蔵書の中から，目的の書籍を見つけるには，蔵書検索の端末を使って調べるとよい。現在では，ほとんどの図書館で蔵書検索が可能となっている。学校の図書館に，目的の書籍がないこともありうる。その場合は現物やコピーを取り寄せてもらったり，時間を見つけて，公立の図書館に行ったりして調べてみるのもよい。

最終学年で行う卒業研究は，これまで学んできたことをベースに，興味を持ったテーマ，あるいは自身が選択したテーマについて，自ら考え問題を解決していく勉強の集大成である。あらかじめ設定した計画に関する結論を得ることを目的としている。主たる勉強の場は，配属された研究室でのゼミや同じ研究室の仲間との議論であるが，目標達成のために自ら考え自ら行動するということは，物事を追究する醍醐味を知る初めての機会かもしれない。

勉強の方法は先に述べた通りであるが，研究である以上，新規性が求められる。そのためには，過去に発表された論文をくまなく調べて，新しい内容であることを示す必要があるが，膨大な数の原著論文を調査することは並大抵のことではなく，それだけで多くの時間が過ぎてしまう。効率的に調査するためには，文献・論文検索サイトで調べる方法が有効である。数年前までは，文献・論文検索サイトは，契約によって閲覧可能となるものが多く，ほとんどの高専では，図書館を通して文献・論文検索サイトと契約していた。最近では，検索に関してはいくつかの代表的なサイトで情報を得ることが可能である。なかには論文を閲覧できるサイトも多くなってきた。以下に，代表的な文献・論文検索サイトを示す。

- Google Scholar（グーグル）https://scholar.google.co.jp/
- NII学術情報ナビゲータ〔CiNii〕（国立情報学研究所〔Nii〕）
  http://ci.nii.ac.jp/
- 科学技術情報発信・流通総合システム〔J-STAGE〕（国立研究開発法人科学技術振興機構〔JST〕）https://www.jstage.jst.go.jp/browse/-char/ja/

2　高専本科卒業後さらに学ぶ道は

専門的な科目や卒業研究などで，いろいろなことを勉強すればするほど学問の奥深さを発見し，わからないことが多いということが見えてくる。自分一人の独学ではなく，さらに体系的に学びたくなる。これに応える学習機会が，進学という進路である。

図に示すように，高専本科卒業後の進路には，高専専攻科へ進学する方法と，大学3年次などへ編入学する方法があり，ともに学士号を取得できる。まず，専攻科への進学についてであるが，全国の5つの商船高専には，いずれも海事系の専攻科がある。9月に本科を卒業した直後の10月に専攻科入学となり，2年後の9月に学士号を取得して修了となる。次に，大学への編入学の場合は，9月に本科卒業後，翌年の4月に，海事系の大学，あるいは一般の大学などの第3年次へ編入学し，2年後の3月に学士号を取得して修了となる。大学によっては，制度上の問題で2年次編入となる場合もあるため，進みたい大学の制度は事前に調べておく必要がある。

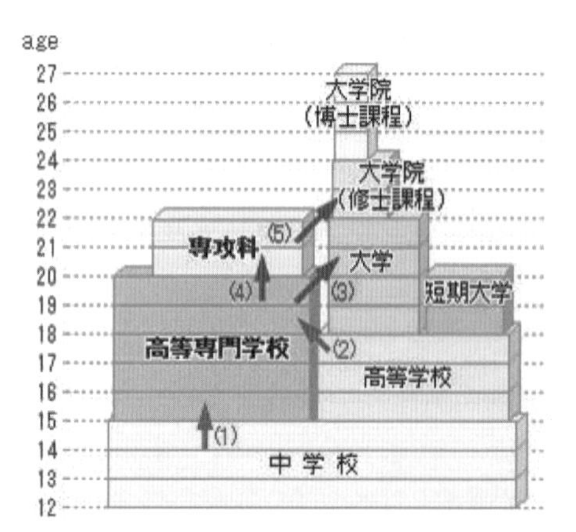

(1) 中学校卒業段階の学生が入学
(2) 高校卒業者は高専への編入資格がある
(3) 高専卒業者は大学への編入の資格がある
(4) 高専卒業者は高専の専攻科に進学する資格がある
(5) 専攻科を修了して「学士」を得た者は大学院への入学資格がある

高専と高校・大学との制度上の関係（独立行政法人国立高等専門学校機構HPより）

専攻科や大学を修了した後は，さらなる学習，研究の進展を目指して大学院へ進学できる。大学院には，2年間の博士前期課程，3年間の博士後期課程（博士課程）がある。博士前期課程修了が認められれば，修士（Master）の学位を得る。その後，博士後期課程に進み，ここでも修了が認められれば博士（Doctor）の学位を得ることができる。

(1) 専攻科，大学へ進学して何をするの？

長いようで短い5年半の本科を卒業し，さらに勉強を重ねることによって何を得るのか。その問いに対しては，人それぞれとしか言いようがない。それは，各個人がどのような目標を設定するか，そのゴールに向かって，どのような日々の生活を送っていくかによって決まるからである。しかし，少なくとも視野は広がるし，就職までの期間が延びることによって，自分を見つめなおす時間も得られる。もちろん，より希望に近い就職ができる可能性もある。船乗りになるまでに，改めて時間を作ることにより，より高い志で臨める可能性もある。また，高専本科卒業ではできない，教育者や研究者という途を切り拓いていくことも可能である。

進学する場合には，その分，費用も必要となる。参考までに，表に進路別の学費の比較，図に各進路別の学費総額の比較を示す。さらに，学校ごとに定められた教材費などが必要となる。学士取得までの総額の比較では，国立高専→専攻科が最も安いことがわかるであろう。

進路選択にかかわる学費の比較

進　路	入学料	年間授業料
公立高校	5650円	11万8800円
国立高専	8万4600円	23万4600円
国立大学	28万2000円	53万5800円

（2017年現在）

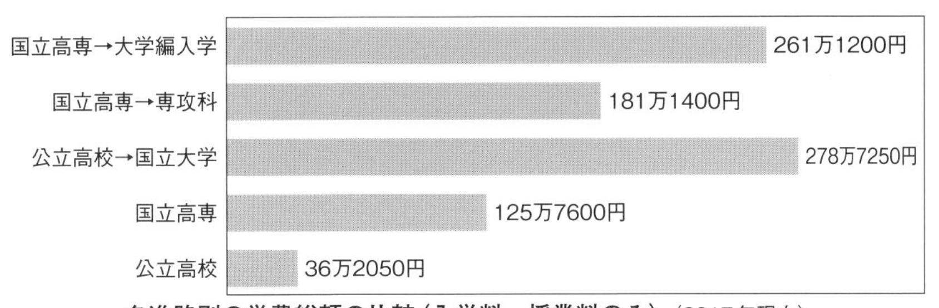

各進路別の学費総額の比較（入学料，授業料のみ）（2017年現在）

(2) 商船系高専の海事系専攻科への進学

まず，全国の商船系高専の海事系専攻科を紹介する。すべての高専には専攻科が設置されており，各学校で専攻科名称が異なる。以下に，それぞれの専攻科名と育成する人材の目標について，各校のホームページに記載されているものを引用してまとめる。

■ **富山高等専門学校：海事システム工学専攻**

「物流・輸送システムやプラント等の設計・開発等の海事関連分野において，グローバルな視点からシステム創生を担える海事技術者を育成します」

■ **鳥羽商船高等専門学校：海事システム学専攻**

「本科席上課程（商船学科航海コースおよび機関コース）および1年間の大型練習船実習で習得した海技技術を基礎に……新時代の海事技術者に望まれている人材を育成します」

■ **弓削商船高等専門学校：海上輸送システム工学専攻**

「本科で学んだ商船学に加え，運送管理学などを学び，船舶運航を管理，支援することのできる人材を育成します」

■ **広島商船高等専門学校：海事システム工学専攻**

「海事に関する幅広い知識や技術を持ち，マネジメント能力も兼ね備えた人材を育成します」

■ **大島商船高等専門学校：海洋交通システム学専攻**

「商船学，物流管理を必修専門として学び，運航管理および機関管理を選択専門とします。そうすることで，運航技術を持ち，さらに管理ノウハウをも学んで陸上から船舶管理，支援する人材を育成します」

修了者の進路は，学士号を取得した大学卒と同等の就職先（海事関連公務員，航海訓練所，海運業，海事関連企業）があり，さらに進学する場合には，海事系および一般の大学院への進学（3級水先人，研究者，開発技術者）も可能である。専攻科に入学するには，第5年次に推薦もしくは学力による入学選抜試験に合格しなければならない。入学選抜試験の推薦基準，時期や試験科目などの詳細については各学校で異なるので，進学したい専攻科のある学校で確認してほしい。先にも示したように，授業料は高専本科と同じであり，大学の半額相当であるため，学士取得までの総額は相当に低く抑えることができる。専攻科の特徴としては

- 徹底した少人数教育である
- 同じキャンパスでの学習であり，大学編入学などの新たな環境への適応期間を必要とせず，継続して学習できる
- 長期間の企業インターンシップや海外語学研修などのユニークな学習機会が与えられる
- 専攻科生による学外発表などが推奨・実施されているなど，特別研究（高度な卒業研究）中心のカリキュラムとなっている

などが挙げられる。最終的には大学進学と同じ学位を取得することになるが，これらのように大学とは異なった特徴があり，進路選択の一つとして参考にするとよい。

(3) 海事系の大学への進学

高専の商船学科で学んだことがそのまま生かせ，さらに学習できる編入学先が海事系の大学である。9月に本科卒業後，半年経た翌年の4月に第3年次へ編入学する。高専時の長期実習履歴の一部は取得単位としてカウントされる。2つの海事系大学について紹介する。

■ **東京海洋大学海洋工学部**（〒135-8533 東京都江東区越中島2-1-6）

旧・東京商船大学は，1875年（明治8年）に私立三菱商船学校として設立された。2003年（平成15年），東京水産大学との統合に伴い，東京海洋大学海洋工学部に改組され現在に至っている。令和3年度の編入学生募集要項より，学科構成は，海事システム工学科，海洋電子機械工学科（機関システム工学コース，制御システム工学コース），流通情報工学科となっている。商船学科からの編入学は，いずれの学科へも可能である。しかし，編入学の難易度や，編入学後の履修科目など，条件の詳細は複雑となるので，オープンキャンパスに参加したり，Webページなどを見たりして，よく考えて進路を選ぶべきである。入学選抜試験は推薦（小論文，面接）と学力（数学，英語）があり，高専第5年次の6月中旬の同じ日に行われる。したがって，本科において推薦されるかどうかでどちらの試験を受験するかが決まる。なお，出願資格，編入学の時期および修学条件については，年度ごとに変わる可能性が高いので，受験時の募集要項をよく確認してほしい。

東京海洋大学海洋工学部1号館
（提供：東京海洋大学）

■ **神戸大学海事科学部**（〒658-0022 神戸市東灘区深江南町5-1-1）

旧・神戸商船大学は，1917年（大正6年）に私立川崎商船学校として設立された。2003年（平成15年），神戸大学との統合に伴い，神戸大学海事科学部に改組され，現在に至っている。令和3年度の編入学生募集要項より，学科構成は，グローバル輸送科学科，海洋安全システム科学科，マリンエンジニアリング学科となっている。なお，船舶職員養成コースは，グローバル輸送科学科の航海マネジメントコースとマリンエンジニアリング学科の機関マネジメントコースである。商船学科からの編入学は，いずれの学科への編入も可能である。しかし，編入学の難易度や，編入学後の履修科目など，条件の詳細は複雑となるので，オープンキャンパスに参加したり，Webページなどを見たりして，よく考えて進路を選ぶべきである。入学選抜試験は推薦（小論文，面接・口述試験）と学力（数学，物理学，TOEICまたはTOEFLの成績および成績証明書）があり，高専第5年次7月頃の，同じ日に行われる。したがって，東京海洋大学と同様に，本科において推薦されるかどうかでどちらの試験を受験するかが決まる。なお，出願資格，編入学の時期および修学条件については，年度ごとに変わる可能性が高いので，受験時の募集要項をよく確認してほしい。また，海事科学部は，令和3年度より海洋政策科学部に改組されている。令和4年度より新学部による編入学生の募集がなされる予定である。

神戸大学海事科学部正門（提供：神戸大学）

いずれの大学においても，卒業生の進路は，航海系と機関系では少し異なるものの，業種としては，海運，陸運，倉庫，港湾，航空，製造，重工，造船，プラント，建築設備，商社，保険，貿易，メーカー，物流，IT関連，教育・研究機関，官公庁。職種としては，船舶職員（船長・航海士，機関長・機関士），海技技術者，運航管理者，海事代理士，港湾管理者，情報システム技術者，ソフト開発者，海事コンサルタント，機械・電子機器開発設計技術者，プラント技術者，造船技術者，建築設備技術者，システムエンジニア，サービスエンジニア，教育・研究者，公務員となっている。

(4) 一般大学への進学

商船学科の進学先は，専攻科や海事系大学のみではない。過去に商船学科より編入学実績のある一般大学を紹介する。

長岡技術科学大学：機械創造工学課程（航海，機関），
環境社会基盤工学課程（航海，機関）

豊橋技術科学大学：機械工学課程（機関），環境・生命工学（航海），
建築・都市システム学（航海，機関）

金沢大学：工学部人間・機械工学科（機関）

富山大学：工学部機械知能システム工学科（機関）

このように，商船学科からでも一般大学に編入することは可能であるが，とくに，長岡・豊橋の両技術科学大学は，主として高等専門学校卒業者などを第3学年に受け入れる特色を持っており，商船系の高専教育システムに対応している。推薦試験は書類審査のみで面接は実施されないため，毎年ある一定程度の学生が進学している。一方，他の多くの一般大学は長期実習中に選抜試験が実施されるので，実習スケジュールの間に受験する機会が得られた場合にのみ受験できるものとなっている。近年では，編入学試験の日程についても柔軟に対応する大学が増えているので，希望の大学が見つかったならば，その大学についてよく調べて受験可能かどうか確かめてみるとよい。一般大学に編入学する場合には，本科で取得した単位が認められないこともあり，卒業にはそれなりの努力が必要であるが，進路選択肢の一つとして検討してみるのもよいだろう。いずれにしても，自分が進学を考える場合には，オープンキャンパスへの参加やWebページの情報をしっかりと調べるなどして対策をするべきである。

高専の在籍学生総数は約5万9000人

現在，高専は日本全国で60校を数えます。独立行政法人国立高等専門学校機構が設置する国立校が51，東京都立産業技術高専など公立校が6，金沢工業高専など私立校が3と，圧倒的に国立が多いことが分かります。2016年度の在籍学生総数は約5万9000人で，新入学生総数は約1万1000人です。高校の新入生徒総数は約110万人（全日制と定時制の合計数）ですから，もうこれは圧倒的な差がついています。

身のまわりに高専に通っている学生がいるというのは，本当に珍しいことなのです。高専なんて知らないよ，分からないよ，というのが「世間一般の常識」かも知れません。

しかし，景気の良し悪しにかかわらず，就職率はほぼ100%を達成しています（求人倍率は約10～20倍）。卒業後，高専の専攻科への進学や大学3年次に編入することも可能で，進学・編入割合は卒業生の約4割を占めています。高専でもさまざまな進路が選択できるということをぜひ知っておいてください。

海運政策と法制度

山尾徳雄・野々山和宏

本講の対象は日本の海運，船員の問題であるが，オイルショック（石油危機）や為替，便宜置籍の問題など国際的な問題が日本の海運や船員に与えた，また現に与えている影響はきわめて大きい。「日本の」といいながら，実は，国際関係を抜きにして語ることは不可能なのである。そこで，それらの問題と日本の対応をここで取り上げたい。

1　資源問題

私たちは世界的規模でこれまで幾度かのオイルショックを経験している。

1960年，国際石油資本（欧米の石油関係大企業）に対して石油産出国側（イラク，イラン，クウェート，サウジアラビア，ベネズエラ）が利益を守ろうとして石油輸出国機構（OPEC）を設立した。1973年，イスラエルとアラブ諸国間の第4次中東戦争に際してOPEC加盟のペルシア湾岸6カ国が，原油価格の大幅な引き上げと石油の減産を決定し，先進諸国に対して石油輸出停止や輸出量の制限をした。石油価格は約4倍に跳ね上がり，先進諸国に与えた影響はきわめて大きかった。これが第1次オイルショックである。

続いて，1979年から翌年にかけてイランで起きた革命によってイランの石油輸出がストップした。これが第2次オイルショックである。このときは，イラン革命に続く8年間にわたるイラン・イラク戦争もあり，第1次オイルショック以後徐々に上がっていた価格が一挙に2倍以上になり，金額的には当然，第1次オイルショック時をはるかに上回った。

その後，値上がり前の水準まで下がった石油価格が，2003年から急速に上昇しはじめた。新興国，とくに中国やインドの経済発展による大幅な需要増や投機的な資金の石油市場への大量な流入が原因として指摘された。2008年まで続くこの石油価格の高騰を第3次オイルショックと呼ぶことがある。この時期は金属類，食料をはじめ，資源全体の価格も値上がりしたことが特徴であった。石油価格はその後も2011年から2014年にかけて高い水準が維持されることとなった。

2 国際競争力

(1) 円高の影響と混乗

日本海運は第二次大戦後，壊滅状態から再出発した。計画的造船，国による利子補給，海運界の整理再編を経て，ようやく基盤が整った頃に現れたのが，上記のオイルショックであった。これに加えて海運会社に打撃を与えたのが円高であった。アメリカは1971年，ニクソン大統領の下，ドルと金との交換停止策をとった。いわゆるニクソンショックである。1949年以来1ドル360円に固定されていた円は，1971年12月には1ドル308円へと大幅に切り上げられ，ついで1973年には変動相場制に移行し，急激な円高に見舞われた。主としてドル建てで収入を得ていた日本の外航船会社の経費は増加し，石油価格の高騰と相まってその収益は大きく圧迫され，国際競争力が損なわれた。このような状況に対応するため，政府は円高対策を講じ，また，造船に対する支援を再開した。一方，海運会社は，仕組み船やチャーターバックといった便宜置籍の方法を始めた。

外航海運業は，1986年から1988年には特定不況業種に指定されるほどの状況であった。国際競争力回復のため少数の船員で運航するパイオニアシップの実現が決まり，航海士・機関士両方の仕事ができるようにする両用教育が行われた。1988年，海運造船合理化審議会が，日本海運生き残りのためには混乗が必要であると答申した。つまり，日本人船員と賃金の安い外国人船員とを同じ船に配乗することで人件費など諸費用を減らし，国際競争力を回復し，日本船の便宜置籍の防止を図ろうとするものである。1989年には外航海運労使が日本籍船への混乗導入問題を協議し，ついにマルシップ混乗が始まった。一方で，余剰となった離職船員の雇用が大きな問題となった。

(2) 便宜置籍と日本籍船・日本人船員の減少

国際競争力回復の方策として利用されている便宜置籍は，第二次大戦後にアメリカ，ギリシアが行っていたが，アメリカの便宜置籍利用に対しては，すでに1933年に国際運輸労働者連盟（International Transport Workers' Federation）の要請によって，国際労働機関（ILO）の合同海事委員会（Joint Maritime Commission）がこの問題を取り上げ，便宜置籍は安全管理を含む船員の労働条件や雇用条件を危険に陥れるとともに他国の船主との不正競争を引き起こすと批判した。船舶登録の手数料および税金が安く，種々の優遇措置がなされていることが不正競争の点から問題とされた。他に，便宜置籍された船舶の性能，装備，船齢，船員の技能の未熟性と保険の不備に基づく船員の安全の問題ならびに事故の際の補償の問題もまた指摘されてきた。

しかし，国際競争力回復が急務であった日本の外航海運会社にとっては，外国人船員を配乗して人件費を削減しうる便宜置籍は魅力的であった。船舶を登録した国家（旗国という）の法が適用されるので，日本の法律に基づく日本人船員配乗の必要がない。そこで，登録料や税金の安い国を探して船舶の登録をするようになった。また，海運造船合理化審議会の答申に基づき，日本に登録した船舶についても乗組員定員が減少した。このような状況の下，日本人船員数は激減した。日本人外航船員は，1985年に3万13名だったのが，2019年には2174名に減少している。日本国籍外航船舶は，1028隻（1985年）から273隻（2019年）に減少している。

上でみたように混乗と便宜置籍は実は関係の深い制度である。

便宜置籍の類型

チャーターバック：人件費の高騰などの理由によりコスト競争力を失った船舶を便宜置籍国（パナマやリベリアなど）に売却し，発展途上国船員を配乗した後，再び日本の外航海運会社が傭船して運航する方式。

仕組船：外国の海運企業あるいは日本の外航海運会社が，便宜置籍国に設立した自己の海外子会社に，日本の海運会社（親会社）が押さえた造船所の船台で造船をさせ，便宜置籍国で登録をさせ，同国の国籍を取らせた上で長期傭船契約を締結し運航する方式。乗組員は外国人。

マルシップ：日本の外航海運会社が海外の子会社に自社の船舶を裸傭船，つまり乗組員を配乗せず船のみを貸し出すという形で貸し，借りた子会社が外国人船員を配乗した後に，船舶を貸し出した親会社が傭船する方式。

3　海運の安全

(1) IMO

IMO（International Maritime Organization，国際海事機関）の前身はIMCO（Inter-governmental Maritime Consultative Organization，政府間海事協議機関）である。1948年，国連海事会議において採択された政府間海事協議機関条

約が，1958年に日本が条約に加入したことによって効力を発生し，IMCOが成立した。IMCOは国連の専門機関の一つで，海上の安全，海洋汚染の防止など海運に影響する技術的・法律的問題を扱う機関である。その主要機関は，総会，理事会，海上安全委員会，事務局で，本部はロンドンに置かれている。

1982年の条約改正によりIMOと改称された後，IMCOの任務を引き継ぎ，政府間の協力の促進，有効な措置の採用，条約の作成などを行う機関として活動している。

(2) IMO関連条約と国内法

ここでは主にIMCO，IMOがかかわった条約をみていくこととする。

■ STCW条約

1967年の大型タンカー，トリーキャニオン号の英仏海峡における座礁・石油流出事故の後，船員の質的向上のために船員の資格について国際的・統一的な基準を作る目的でIMCOを中心に作業が進められ，1978年にSTCW条約（International Convention on Standards of Training Certification and Watch-keeping for Seafarers，1978年の船員の訓練及び資格証明並びに当直の基準に関する国際条約）が採択され，1984年発効した。日本は1982年に批准した。

STCW条約は，船舶の安全な航行のために船員の知識，技能，当直の実施に関して統一基準を決め，旗国が船員の最低限の能力養成について責任を負うことにした。旗国は，船員の教育機関を監督し，船員の能力を証明する資格証明書を発行している。

同条約発効後も大型船舶の事故が発生したため，船員の命および海洋環境を守るために，条約の基準に達していない船舶を閉め出すべきであるとの主張が強まった。1995年にIMOにおいて採択された改正STCW条約においては，航海士に対するGMDSS方式の無線通信訓練や自動衝突予防援助装置（ARPA）シミュレータ訓練の強化に加え，ポート・ステート・コントロール（PSC）などが盛り込まれた。さらに，2010年の改正（マニラ改正）では，船員に対する視力基準の強化，ブリッジ/エンジンルーム・リソース・マネジメント（BRM/ERM）の要件などが追加されている。船員資格を決めたSTCW条約の規定は，日本では「船舶職員及び小型船舶操縦者法」「船員法」の中に取り入れられている。

■ SOLAS条約

1912年，イギリスからアメリカへ航海中の英国旅客船タイタニック号（4万

6328トン）が流氷と衝突し，2200人を超える乗客のうち1500人が死亡した。多数の死亡者を出した原因と考えられる船体の構造，救命設備，無線設備，流氷の監視などの問題を討議するため，ドイツ皇帝ウィルヘルム2世の提唱で1914年，「海上における人命の安全に関する国際会議」が開催され，そこで採択されたのが最初のSOLAS条約（International Convention for the Safety of Life at Sea，海上における人命の安全のための国際条約）である。その後，改正が繰り返され，1960年の改正はIMCOの招請による国際会議で行われた。航海の安全，とくに人命の安全を確保するために，船体構造，防火構造，消防設備などの安全基準を定めた条約である。

2001年のアメリカ同時多発テロを契機に，2002年にIMOにおいて行われた改正は，テロ防止を図るものである。航海の安全，人命の安全を扱ったSOLAS条約の規定は，日本では「船舶安全法」「国際航海船舶及び国際港湾施設の保安の確保等に関する法律」に取り入れられている。

■ **MARPOL条約**

出発点は，IMCOの提唱により起草された「油による海水の汚濁の防止に関する国際条約」（1954年，International Convention for the Prevention of Pollution of the Sea by Oil）であった。この条約とその改正をまとめ，単一の文書としたのが1973年の「船舶による汚染の防止のための国際条約」である。1978年に73年条約を修正・追加する議定書を採択し，この2つの文書をあわせてMARPOL73/78条約（International Convention for the Prevention of Pollution from Ships, 1973, as modified by the Protocol of 1978 relating thereto，1973年の船舶による汚染の防止のための国際条約に関する1978年の議定書）と呼んでいる。船舶の構造や汚染防止設備などの技術基準を規定し，5つの議定書（附属書）からなるものであった。2005年に附属書6が追加された。すべての石油，化学物質，容器入りの有害物質，汚水と廃棄物を規制対象としており，その後の附属書の改正により大気汚染も対象とするなど，対象，排出基準，汚染防止設備の設置義務，当局の検査による規制をしだいに強化している。

海洋汚染の防止を扱った「船舶による汚染の防止のための国際条約」の規定は，日本では「海洋汚染等及び海上災害の防止に関する法律」に取り入れられている。

上記のほか，船舶の安全に関する主要な条約には「1972年の海上における衝突の予防のための国際規則に関する条約」（Convention on the International

Regulations for Preventing Collisions at Sea, 1972）や「1966年の満載喫水線に関する国際条約」（International Convention on Load Lines, 1966）があり，日本ではそれぞれ「海上衝突予防法」および「船舶安全法」に取り入れられている。

(3) 船員労働に関する国内法と国際条約

■ 労働者と労働組合法

「労働組合法」（1945年）は労働三法の一つで，日本国憲法第28条に基づき，労働者（職業の種類を問わず，賃金，給料その他これに準ずる収入によって生活する者）が使用者との交渉において対等の立場に立つことを促進し，労働者の地位を向上させることなどを目的とする法律であって，団体交渉権，団体行動権，労働協約（労働条件を取り決めたもの），労働委員会などについて規定している。

■ 労働条件と労働問題

労働者の一般的な労働条件については，日本国憲法第27条に基づく「労働基準法」（1947年）という法律に規定され，労働条件の最低基準が保障されている。船員の場合には，別に「船員法」という法律があり，これが船員の労働基準法といえる。

また，船員の労働問題に関して，集団的紛争処理機能は労働委員会（中央，都道府県）が，政策の調査審議機能は交通政策審議会と地方交通審議会が担っている。

■ ILO海上労働条約

国際労働機関（ILO）は2006年，それまでに制定された商船関係の条約などを整理・統合するとともに，船員の労働条件を改善した「2006年の海上の労働に関する条約（Maritime Labour Convention, 2006）」を採択した。この条約は船員の「権利章典」とも呼ばれ，船舶で働く船員のための雇用条件や労働・休息時間，居住設備など労働条件に関する統一的な国際基準を確立し，その実効性を担保するために検査制度を規定しており，2013年に発効した。同年，日本はこの条約を批准したが，これに伴い「船員法」を改正している。

4　海洋政策

(1) 海洋基本法以前

「2　国際競争力」の項で述べたように，政府の側面からの支援もあってようやく立ち直った外航海運が，オイルショック，円高のために国際競争力を失った。外航海運会社が，乗組員の削減，便宜置籍の利用による外国船員の配乗を進めた結果，日本籍船，日本人船員の著しい減少を招いた。貿易物資を安定的に輸送する外航海運が日本にとっていかに重要かということを十分に認識している政府は，海上輸送の安定性の確保および海運会社の国際競争力確保という観点から，日本籍船，日本人船員の増加のため，1996年に日本籍船のうち，安定的な国際海上輸送の確保上重要な船舶を国際船舶と位置づけ，税制上の支援措置を講じるとともに外国人船員の配乗を可能とする国際船舶制度を創設した。翌年の海運造船合理化審議会の答申を受けて，1998年5月には船舶職員法（現・船舶職員及び小型船舶操縦者法）が改正され，第23条の2に外国人船員を日本籍外航船における船舶職員として承認するとの規定が入れられた。

この承認制度というのは，STCW条約締約国が発給した資格証明書を受有する者が船舶職員として必要な経験，知識，能力を有すると国土交通大臣が認め，その承認を受けた場合には，海技従事者の免許を受けなくても船舶職員になれるというものである。これを受けて，1999年には外国人承認船員が誕生し，外航海運大手3社において日本籍船への配乗が実現，その後も外国人承認船員の数は着実に増加している。

一方，2007年4月には，外航日本人船員確保・育成推進協議会が設置され，即戦力として活躍できる船員としてのキャリア形成を目的としたスキームが開始された。また，海洋汚染防止の面では，「油濁損害賠償保障法」が「船舶油濁損害賠償保障法」に改正され，タンカー以外の一般船舶からの燃料油の流出等も油濁損害に加えられたほか，2002年4月に発生したタジマ号事件を受けて，日本国外で日本人に対して一定の犯罪を行った者に刑法を適用するという改正が行われた。

(2) 海洋基本法

2006年6月以降，日本船主協会，全日本海員組合，国土交通省による検討が行われた後，2007年4月に海洋基本法が作られた（同年7月施行）。

海洋基本法の目的は，海洋の平和的かつ積極的な開発および利用と海洋環境の保全との調和を図る新たな海洋立国を実現することの重要性を考えて，海洋に関する基本理念を定め，国，地方公共団体，事業者および国民の責任を明らかにするとともに，総合海洋政策本部を設置して海洋に関する基本的な計画を立て，海洋に関する施策を総合的かつ計画的に推進し，経済社会の健全な発展と国民生活の安定を図ることとされている。

海洋基本法に基づき，2008年3月，総合海洋政策本部により「（第1期）海洋基本計画」が作られた。海洋基本計画は海洋全般に目が向けられており，海上輸送の安全，日本人船員の確保・養成・キャリアアップ，航路の安全確保，港湾に関してのみならず，海洋資源の開発および利用の推進，自然災害・海難対策，深海底を含めた科学調査，人工衛星も利用した情報収集，海洋産業の育成，国際競争力の確保，国際連携・協力，さらには離島の問題まで扱う総合計画である。

海洋基本計画はその後，2013年4月に第2期計画，2018年5月に第3期計画が策定された。第3期海洋基本計画は，今後の海洋政策の方向性を「新たな海洋立国への挑戦」と銘打ち，施策面では「総合的な海洋の安全保障」がその中心に据えられている。海運に関しては，政府が総合的かつ計画的に講ずべき施策の1つである「海上輸送の確保」において，日本船舶・日本人船員を中核とする海上輸送体制の確保および日本商船隊の国際競争力強化，「内航未来創造プラン」の実現や海上輸送拠点の整備などが盛り込まれている。

(3) 海上運送法の改正

2008年5月，海上運送法改正案が参議院本会議で可決された。日本船舶・船員確保計画を国土交通大臣によって認定された対外船舶運航業者は，特例としてトン数標準税制の適用を受けられることになり，税負担が軽減されることとなった。

加えて，東日本大震災を踏まえて行われた2012年の海上運送法改正で，準日本船舶制度が創設された。準日本船舶とは外航船社が運航する日本船舶以外の船舶で航海命令が発せられた場合，日本船舶に転籍して確実かつ速やかに航行することが可能なものであり，この準日本船舶にもトン数標準税制が適用された。

5　おわりに

国家が非常事態に陥ったとき，日本にとって必要な物資を輸入するに足る船舶と，それを運航することができる日本人船員の確保が急務である。船員不足が懸念され，資格・能力がある船員が求められているのが現状である。労働環境の改善，海技免状受有者の有効活用，海技資格取得・キャリアアップなどの支援が計画されている。実力をつければ，どこへ行っても通用する，それが船員という仕事である。

第14講 戦後日本経済の歩みと外航海運 ―――― 横田数弘

周りを海に囲まれている日本では，古来より海運がさかんであり，地域間交流の重要な手段となっていた。現在では大方が廃れてしまったが，河川や湖沼といった内水面の舟運も物資運搬の要を担っていた。江戸と京を結ぶ東海道にも海路が含まれていたし，北前船や菱垣回船など海上輸送路の開拓なしに江戸期の商品経済の発達はありえなかった。こういった水運業の蓄積が，明治期以降の外航海運の発展に結びついている。

現在の外航海運会社は，そのほとんどが明治期に創業されている。海外へ雄飛しようと奮闘し，客船や貨物船を運航することを通して近代日本の発展に貢献してきた。戦争の惨禍もあり，全面的に肯定できる話ばかりでもないが，事実から学ぶべきことは実に多い。

以下，第二次世界大戦後から現在にいたる外航海運史を概観していく。紹介できるのは，海国日本のほんの一端でしかないが，外航海運の「来し方」を振り返り，今後の展望を描く手がかりとしたい。

1　戦後復興期の日本海運

(1) 日本敗戦と崩壊状態にあった日本商船隊

1945年8月の終戦時の日本経済は破綻した状況にあった。空襲や艦砲射撃などで都市部は深刻な被害にあえいでいた。工業生産力は戦前の20%まで落ち込み，物的国富の25%を失った。食料生産もままならず，飢餓が真剣に心配されるほどであった。

海運界も疲弊しており，日本商船隊は崩壊状態にあった。太平洋戦争開戦前(1941年12月)の日本商船は2636隻(638万4000総トン)を誇り(海運総局調べ)，英米に次ぐ世界第3位の商船隊を構築していた。だが，そのうちの約80%を戦争で失っている。徴用された商船員の死亡者数は3万5000人強であり，これに漁船員や機帆船員の戦没者を加えると戦没船員総数は6万人を超えるという。その死亡率は40数%であり，陸海軍人よりも高い数字であった。海運を復興させたくとも，人的にも物的にもあまりに厳しい状況下にあったのである。

(2) 海運業への統制継続と戦時補償の打ち切り

戦後改革の基調は自由化と民主化にあったが，経済統制が継続されることになった。海運界でも，戦時経済からの解放(自由化や民主化)が目指されていたのだが，GHQ/SCAP(連合国軍最高司令官総司令部)の意向もあり，統制は継続されることになった。日本船舶は，GHQ/SCAPの管理下に置かれ，アメリカ軍太平洋艦隊司令官の指揮監督に服すこととなった。1942年5月1日以降，船舶運航と船員管理は，船舶運営会(4月1日設立)という「民有官営」の組織がすべてを取り仕切っていたが，1950年3月末まで続けられた。戦中と戦後の8年間にわたって，海運経営に空白をもたらす統制が維持されたのである。

1946年8月11日には，戦時補償の打ち切りが日本政府によって発表されている。軍に徴用された民間会社の損失に対する補償金や戦時保険金の全支払いが停止されただけでなく，それまでに支払われた分も政府にすべて返還しなければならないという，極めて厳しい内容であった。打ち切られた補償総額は82社分25億円で，当時の海運会社全体の払込資本金の3倍に達した。海運界は資金面でも塗炭の苦しみを味わうことになったのである。

(3) 海運の外航復帰と「朝鮮戦争特需」

1950年4月1日，日本海運の民営還元(公的統制の解除)が行われ，外航復帰が実現した。しかしながら，民営還元が，ただちに海運業本来の姿を取り戻させたわけではなかった。内航は大幅に自由度が高まったが，講和条約(サンフランシスコ平和条約)が発効して日本の再独立が果たされるまで(1952年4月28日)，外航は一航海毎か各航路毎にGHQ/SCAPの許可を得る必要があったからである。遠洋定期航路への復帰は，連合国の海運会社と直接の競争関係に入るため，1951年になるまで認められなかった。

この段階で懸念されたことは，船腹過剰による過当競争であった。1947年9月以降に実施された計画造船による船腹量増加が問題となっていたのである。ちなみに，第2次世界大戦後の世界海運は，新盟主国アメリカを中心とする形に変貌・発展しつつあった。工業用原料や燃料が石炭から石油に切り替わっていく時期だったこともあり，石油の輸送需要がますます大きくなり，タンカー建造の気運が高まっていた。鉄鋼基礎原料として，鉄鉱石や石炭の荷動きも活発化していた。

日本海運に関して述べれば，民営還元当初は不定期船のみで，荷動き自体も振るわなかった。しかし，1950年6月25日の朝鮮戦争開戦で状況が一変し，特需を享受することができた。隣国の戦争が，海運業のみならず，日本経済全体の復興を後押ししたのである。

2　高度経済成長と外航海運業界の統合再編

(1) 日本再独立と日本海運の再建

1952年4月28日，サンフランシスコ平和条約が発効し，日本は再独立を果たすことができた。経済面でも復興が進んでおり，1952年段階での国民総生産（GNP）は1934～36年平均の水準に回復していた。1946～55年の「戦後復興期」の経済成長率は平均で9.2％を示しており，数値の面では十分に高いものということができる。戦時期に途絶していた輸出入の伸びもめざましく，外航復帰以後の日本海運が経済成長に大きく寄与したといっても過言ではない。ただ，全般では輸入超過で，貿易収支は赤字基調であった。輸出国としての地位を獲得するのは，経常収支や貿易収支が均衡する高度成長期（1955～73年）以降のことである。

日本海運の再建はたしかに進んでいたが，1950年代の外航海運市況は乱高下を繰り返していた。朝鮮戦争特需は1952年までで，1953年7月から低迷した。日本の外航海運業は1961年に持ち直し，1963～64年は輸出が好調で「オリンピック景気」に沸いた。船腹量は1960年段階で太平洋戦争前（1941年12月）の最高水準を超え，693万1000総トン（3124隻）に達し，アメリカ，イギリス，リベリア，ノルウェーに次ぐ，世界第5位の海運国となっていた。計画造船の効果が発揮されたともいえるが，日本の外航海運界が過当競争にあえいでいたことも事実である。空運の普及や移民客の減少などが旅客船需要を大きく低下させた時期でもあった。

(2) 海運業成長の基盤となった「海運集約」

世間一般が好況で，世界海運市況が沸いているときでも，日本の海運産業はつかの間の幸福を味わうにせよ，結局は「業績不振」や「慢性的不況」に苦しんでいた。

そこで，外航海運業界の再編統合を促進することをねらい，いわゆる海運再建二法（海運業再建整備臨時措置法と外航船舶建造融資利子補給法の一部を改正する法）が，1963年7月1日施行された。海運再建二法は，所有外航船舶船腹量が50万重量トン以上の会社を中核会社として，船腹量100万重量トン以上の企業グループを形成させようとするもので，外航海運業を「斜陽産業」から脱却させることがねらいであった。大手海運会社（大手オペレーター）同士が合併し，中核会社となった。日本郵船，大阪商船三井船舶，川崎汽船，山下新日本汽船，ジャパンライン，昭和海運の6社がそれぞれのグループの中核会社となった（住友系の大阪商船と三井系の三井船舶が合併したことは特筆に値する）。この再編・集約に，三光汽船は加わらなかった。

6つのグループへの集約は，1964年4月1日に足並みを揃えて，実施された。外航遠洋定期航路を経営する会社数は11から6に減ることになった。

(3) コンテナ化と外航海運の「黄金の10年」

海運集約後の1960年代後半は，輸出が好況を主導した「いざなぎ景気」に沸いた時期である。景気は，1965年10月から1970年7月までの57カ月間，上昇局面にあった。日本製品の品質が安定し，海外での評判が高まってきたこともあり，貿易収支も黒字基調に転換を果たし，日本の所得水準は大いに向上することになった。1968年には国民総生産は西ドイツを超え，日本はアメリカ合衆国に次ぐ世界第2位の資本主義国となった。とはいえ，公害が顕在化していたし，農山漁村から大都市への大量の労働力移入や所得格差や富の偏在など，成長にともなう「ゆがみ」が問題視されはじめた時期でもあった。

海運業界は，かつてない好況を迎えていた。世に矛盾はあろうとも，1964～73年は日本海運にとっては黄金期で「活力に満ちた10年」であった。6つの企業グループに集約したことの成果が現れた時期であり，大手企業では労働環境や福利厚生が大幅に改善され，充実しつつあった。海運界全体での船員需要も旺盛であった。

大型化もあって，世界全体の船腹量は倍増した。技術進歩や荷役設備の改善が輸送能力だけでなく，稼働率を大きく向上させた時期であった。日本，ギリシャ，便宜置籍国であるリベリアやパナマの伸びはめざましかった。1969年には日本の船腹量はイギリスを抜き，統計上はリベリアに次ぐ世界第2位，実質は第1位のポジションを獲得した。

また，船舶に関連する技術が大いに進歩したのもこの時期の特徴である。具体的には，高速化，コンテナ化，LPG船（冷却型）や自動車船などの新しい種類の専用船の登場，省力化船（自動化船）の高度化などである。従前の業態を転換させるような高度化と専門化が進んだ時期ということができるだろう。

3　オイルショックと低成長経済のはじまり

(1) 変動相場制移行とオイルショックがもたらしたもの

1970年後半から，日本の景気は下降局面に転じていくことになるが，成長率自体はまだまだ高水準を保っていた。追い打ちをかけたのは，1971年8月15日のニクソン声明（ドルと金の交換の停止）であり，それを契機としたドルショックである。1971年12月20日，円は1ドル＝360円から308円へと切り上げられ，1973年2月14日には為替は変動相場制へと移行し，円は急騰した。以後，為替相場は円高基調で推移していったので，日本から輸出される製品価格は相対的に高くなり，輸出しにくくなっていった。

日本を取り巻く社会経済環境が激変するのは，1973年下半期である。同年10月6日，第4次中東戦争（アラブ各国対イスラエル）が勃発したが，これを契機にアラブ産油国は原油価格値上げと生産量削減を決定，エクソンやシェルなど石油メジャーもこの動きを追った。石油価格は4倍に急騰し，日本では「狂乱物価」と呼ばれるほど強烈なインフレーションが起こった。いわゆる第1次オイルショック（石油危機）の発生である。

世界経済全体が従前の不況とは異質の，重く長く苦しい停滞局面に入り込んでいった。石油消費の抑制が社会的に求められ，自動車の排ガス規制などの「省エネ」が実行されはじめた。石油浪費型の産業経済構造から脱却することが課題となった。経済成長率は急落し，以後，日本は低成長経済へと軌道を修正せざるをえなくなった。1974年には成長率はマイナス0.5％で，戦後初のマイナス成長を記録した。高度成長の時代はここに終焉を迎えた。

1970年代後半から1980年代にかけて，海運業界も例に漏れず苦境に立たされた。石油危機は，石油自体の海上荷動量を世界的に鈍化させただけでなく，他の物資の荷動きも抑え込んだからである。需要拡大を見込んで設備投資を活発化させていた海運各社は，船腹が過剰となるという事実を前に方針を撤回せざるをえなかった。投資を整理・回収するだけでも一苦労であった。また，円高の進行にともない，日本の外航船員費が「高コスト化」した。国際競争力の強化という文脈で，1952年の海運造船合理化審議会答申がこの問題にすでに触れているし，労使間の古くからの対決課題ではあったのだが，「船員費の合理化」が現実の徹底すべき課題として，眼前に浮かび上がってきたのである。

(2) 低成長期における外航海運業界の「合理化」とプラザ合意

1970年代後半から80年代前半の日本の経済成長率は3～5%程度で，この時期は低成長期とか安定成長期と呼ばれている。日本の産業界にとっては，従前の輸出量を維持し，国際競争を勝ち抜くため，新たな付加価値創出や一層のコスト削減を行っていくしかなかった時期である。人員削減，省エネ化，FA化（産業用ロボットの導入など），OA化（事務処理用コンピュータの導入など）が進んだこと，企業内の開発研究が活発化したのはそのためである。中心産業もエネルギー多消費型の重厚長大産業（鉄鋼や造船など）から，製造物が比較的軽くて小さいエレクトロニクス関連の産業へとシフトしていった。自動車も好調で，電機もハイテク関連や高付加価値製品の開発で国際競争力を磨きつつあったし，バイオ関連ビジネスも盛り上がりをみせていた。輸出（外需）主導ではなく，内需拡大による経済成長を実現しようという意見も目立ってきていた。

運航コスト削減のため，より安い船員費で船を航行させようという海運会社の動きがあちこちで顕在化していた。減量経営や雇用調整の名の下に，急激なまでに人員整理が行われ，定年前の退職があちらこちらで求められていた。船舶職員の需要は冷え込み，縮んだ状況にあった。商船高等専門学校はじめ，船舶職員養成施設卒業生の多くが希望をかなえることができなかった。

1985年8月13日，1964年の海運集約に参加しなかった三光汽船が5000億円の負債を抱え，倒産している。同年9月22日のプラザ合意で「ドル高是正」が決定された後は，協調介入のせいもあり，円高不況状態に突入。このことにより，船員費が高騰するなど，日本外航海運界は深刻な打撃を受けた。定期航路での競争も激化し，中核6社の一角を占める昭和海運が中国航路以外の外航定期航路から撤退することを決めている（1988年）。

4　バブル期の海運市況復活と「大手3社体制」の構築

1986年から1990年頃にかけて，日本経済はバブルといわれるほどの狂乱的なブームを経験している。消費も拡大傾向をみせ，高級自動車やブランド品の売り上げが伸び，株式などの金融商品や不動産への投機が過熱した。これは大雑把にいえば，1985年のプラザ合意以降の低金利政策が産みだした活況であり，投資対象に実体以上に価値を見いだしたゆえの価格高騰であった。外航海運界では，1988年後半に入ってから，好調を維持できるようになった。運輸省編『外航海運の現況―外航海運のグローバルな展開』（1991年）は，「まえがき」において，日本外航海運を「長期化した海運不況の後，昭和63年度，平成元年度と良好な業績をみせた」と評している。

商船高等専門学校から海運関連企業への就職状況も，バブル期になって改善されている。好転したのは1989年9月卒業者の段階からである。「緊急雇用対策」の名目で，各社が中高年者の人員整理を行ってきたのだが，それが1989年4月で完了したことが大いに関係しているだろう。そのため，各会社では若年者不足を心配しており，新規卒業生の採用増につながった（前年度比で50％以上の増加）。「売り手優位」の状況は数年間続き，その後についても就職状況は堅調に推移することができた（現在も好調である）。

海運会社の再編も進んだ。1989年には，「中核6社」のうちの山下新日本汽船とジャパンラインが合併し，新会社ナビックスラインとなった。両社の定期船部門は日本ライナーシステムとして独立したのだが，この会社は日本郵船に後に吸収されている（1991年）。1998年には昭和海運が日本郵船に組み込まれ，1999年には大阪商船三井船舶とナビックスラインが合併して商船三井となった。日本の外航海運会社は，日本郵船，商船三井，そして，川崎汽船の3社体制となったのである。

ちなみに，国際競争力を維持・強化するための策ではあるが，日本籍一般外航船でも運航コスト削減をねらいとする混乗が1990年3月から始まっている。平成のバブル期を過ぎた段階では混乗船が当たり前となっており，フィリピンなど人件費の安い発展途上国の船員が多く配乗されるようになっていた。日本人だけで「日本船」を動かすことはなくなったのである。

5　おわりに―日本外航海運の現況

外航海運各社は，グローバル化した「世界単一の市場」のなかで，激しい競争を繰り広げてきた。為替相場が円高に傾けば，コスト面での国際競争力が失われるため，日本の外航海運会社でも，海外に拠点を移す動きが目立ってきた。1999年以降，日本の外航海運は，日本郵船，商船三井，川崎汽船の3社体制を維持しているが，定期コンテナ船事業については，これらのライバル3社が手を取り合って新会社を設立し，事業統合を進めることとなった。

2017年7月7日に設立された会社名は「オーシャン・ネットワーク・エクスプレス」（ONE）。前記3社が出資して親会社となって持株会社を設立し，その下に事業運営会社などが位置づいている。営業開始は2018年4月1日で，定期コンテナ事業では世界第6位になる見込みである。

ONEは持株会社こそ本社は東京だが，運航管理など実務を取り仕切る事業運営会社の本部は，世界海運の中心シンガポールに設置された。事業運営会社の地域統括拠点は，シンガポールの他は，香港，ロンドン，アメリカ合衆国バージニア州リッチモンド，ブラジルのサンパウロである。もちろん，日本にも子会社が設立され，総代理店機能など枢要な役割を担うが，地域統括拠点ではないようだ。

ヨーロッパや中国などのアジア勢との競合がより厳しくなり，世界全体での海運事業の再編統合が否応なく進んでいる。日本の外航商船隊は，復活強化に向けて，どのように進化していくのだろうか。期待しつつ注目していこう。

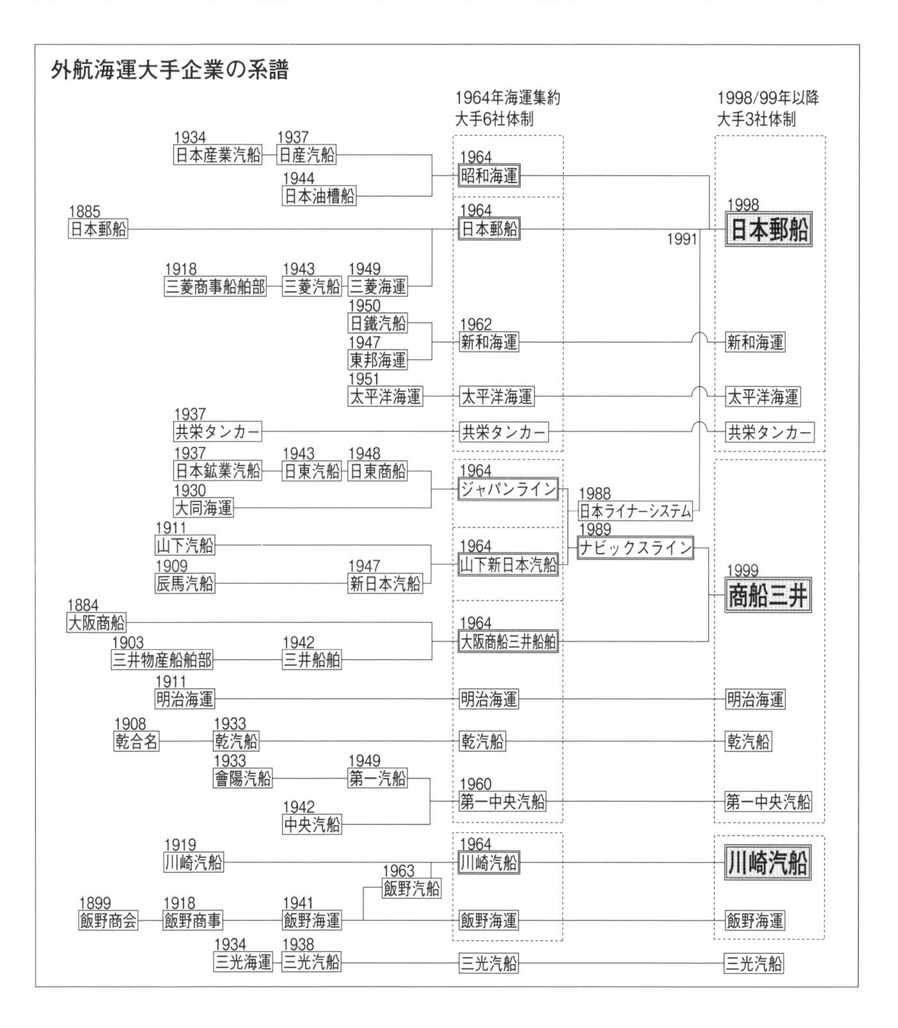

外航海運の労働条件

―――――――――一般社団法人全日本船舶職員協会

航海士・機関士として外航海運で働いた場合，給与はどの程度か，その待遇はどうなっているか。こういったことを調べ，正確に知っておくことは，船員としての職業選択を考えている者にとって重要な事柄である。

充実した生活を送り，楽しんでいくためにも，自らの能力や適性を踏まえ，より適切な職業選択を行うことが肝要である。船舶職員として会社に勤めた場合，そのキャリアパス（職業上の経路・経歴）はどのようなものとなっているのか，給与や休日・休暇などはどうなっているのか。詳しく話せばキリがないことなのだが，以下，概説していこう。

1　外航船舶職員のキャリアパス

外航海運会社に勤めた場合のキャリアパスはどうなっていくのか。ここで想定したのは，5年6カ月の課程を修了し，準学士（商船学）の称号と三級海技士の資格を得た，商船系高専の商船学科（航海コース・機関コース）卒業生の例である。新卒（20.5歳から21.0歳の年齢）で外航海運会社に入社し，定年まで同一会社に勤務するという前提で説明していく。

(1) 入社，そして次席三等航海士・機関士から二等航海士・機関士まで

商船系高専の商船学科卒業生は全員が三級海技士の筆記試験が免除されている。卒業後に実施される口述試験と身体検査に合格すると，晴れて免状を手にすることができる。入社後，研修などを経て，1隻目の船に乗り込んでいく。肩書きは次席三等航海士・機関士である。3カ月から半年間乗った後，同じ船で三等航海士・機関士に昇進する。

2隻目は三等航海士・機関士で乗船するが，担当職務についての取り組みかたや勤務評価を基に二等航海士・機関士への昇進が検討される時期でもあり，4～5年の間に上級の職務が取れるよう，この段階までに実務をきちんと勉強して必要な知識・技能を体得しておかねばならない。2隻目を下船したときには12カ月の乗船履歴を満たしているので，海技試験を受験して二級海技士の

合格をめざすことになる。

二等航海士・機関士として経験した後，会社によっては「陸上勤務」を命じられる。「陸上勤務」は海運会社の陸上部門の一員として業務に従事するだけでなく，陸上組織の中に入って「会社をより広く知ること」が一つの大きな目的であり，重要な経歴となる。

(2) 一等航海士・機関士から船長・機関長へ

二等航海士・機関士で乗船した後に陸上勤務に従事し，そして海上勤務に復帰するときは，再度，二等航海士・機関士として乗船し，その後，一等航海士・機関士に昇進する。早ければ20代後半であり，船内業務の主管者となる。その後，一等航海士・機関士としての乗船履歴が12カ月となった段階で一級海技士の合格をめざすことになる。一等航海士・機関士としての業務に精通させるという目的もあり，船長・機関長の辞令が発令されるまでには5～6年の乗船履歴が必要となっている。

また，一等航海士・機関士のときに再び「陸上勤務」となることが多い。船長や機関長に昇進する前に，会社の組織や業務など全体像の把握とともに，それまでの乗船で培った海技経験を生かした諸部門での活躍を期待して，異動が実施される。現在，船員全員に「陸上勤務」の経験が求められており，入社から船長や機関長に昇進するまで「海上勤務」一筋というキャリアパスは存在しない。最も早い場合，30代中頃で船長や機関長となるようだ。

(3) 船長・機関長から定年まで

船長や機関長に昇進してから後も，長い年限，会社に在籍し勤務することになる。定年までは「海上勤務」と「陸上勤務」を交互に繰り返す場合が多い。定年後は年金受給まで，海上の経験を生かして関連子会社で監督業務などを行っている人も多い。

2　給与・手当

(1) 基本給と諸手当

船舶職員として勤務した場合，給料やその他の報酬は会社毎に異なっているが，海運会社と全日本海員組合との間で労働協約が定められており，その基準が明確となっている。2017年の労働協約上の最低賃金（基本給）と乗船中の諸手当について表に示す。

労働協約上の最低賃金（基本給，2017年現在）

船長・機関長	一等航海士・機関士	その他の職員
364,390円	280,470円	189,090円

乗船中の諸手当（2017年現在）

家族手当	月額3,900円（配偶者）
船長・機関長手当	船長：月額269,500円／機関長：月額263,500円
機関部手当	月額1,000円
衛生管理者手当	月額13,000円（衛生管理者補は8,000円）
時間外手当	平日：算定基準額の162.5分の1.3 休日：算定基準額の162.5分の1.5 算定基準額＝基本給と機関部手当などの合計金額

表の最低賃金は，あくまでも基本給のみの話であり，乗船中は諸手当が支給される。表以外の手当として，航海日当，日本に所要期間（2カ月から5カ月）入港しない船舶を対象とした長期就航船手当や，夏季にペルシャ湾に就航する船への夏季手当，タンカー手当などの支給が定められている。給与や手当ではないが，乗船中の光熱・水道代，食費はすべて会社が負担し，個人負担はまったくない。これも船員という職業の特徴のひとつである。

実際の給与・手当は会社により，また個人によって異なるが，ベテランの船長・機関長の年収は1500万円以上となっている。

(2) 初任給

航海士・機関士の初任給は会社毎に異なるが，外航大手のある会社の基本給は約24万円である。乗船中は，乗船手当，航海日当などが付加され，もっと多くの収入となる。通常は年2回のボーナス（賞与）がある。多くの会社が個人業績に応じた給与システム（能率給）を採用しており，同年入社の同期生でも待遇に差が出るので，自分を磨いておくことが大切である。

3　休日・休暇

乗船勤務している船員の休日・休暇は連続してまとめて取得されている。一般会社員の連続休暇がゴールデンウイークの10日程度であるのに比べ，6カ月乗船後の2カ月程度の休暇取得など，長い連続休暇となっている。乗船した場合，次の休暇まで帰宅することは困難であるが，この長期休暇を利用して旅行をはじめさまざまな活動ができる。このように「長期休暇が取れること」は船員職業の大きな魅力のひとつである。以下，船員として勤務した場合の休日・休暇について解説する。

年間の休日と休暇の付与およびその取り扱いなどは労働協約で定められている。労働協約上，陸上休暇は年間121日（有給休暇25労働日を含む）とされており，この他に乗船中は週1日の船内休日がある。また，本人の結婚，近親者の死亡に対応した特別休暇の付与など，船員の特殊事情を配慮した休暇制度が定められている。乗船期間は，船員法では12カ月を上回らないこととなっている。乗船した船舶への習熟に要する期間の必要性から3カ月以上の乗船が求められること，休暇取得の要求と社会的な奨励などから，6カ月乗船後の2カ月程度の休暇取得の乗船・休暇サイクルが望ましいとされている。現在は日本人職員の不足などにより，陸上休暇を消化できずに次の乗船を指示されることもある。その場合は一定の基準で「休暇買い上げ」の規程があり，休暇の代わりに金銭的補償が与えられている。

4 災害補償と船員保険

災害に遭遇した場合，また，病気になった際の補償はどうなっているのだろうか。以下，外航船員の災害補償と船員保険について概説する。

(1) 災害補償

職務上での傷病（労災）の場合などについて，会社が給付すべき補償内容が定められており，職務上の事由により死亡した場合の遺族に対する給付として3300万円，職務上の事由により障害となった場合はその程度に応じて補償を行うこととなっている。

(2) 船員保険

海上で働く船員という特定の労働者を対象とする船員保険は制度の見直しが進められ，年金部門分は厚生年金保険へ，災害補償部門（職務上）は労働者災害補償保険に，失業保険は雇用保険に統合されて，疾病部門のみが船員保険として船員の家族にも病気や怪我，出産，死亡などに給付される。

船員と陸上で働く人の社会保険制度を比較，整理した表を以下に示す。

船員保険と一般の社会保険制度の比較

保険区分		船員の社会保険制度	陸上で働く人の社会保険制度
医療保険	災害補償部門（職務上）	労働者災害補償保険	労働者災害補償保険など 各種共済組合（短期給付）
	疾病部門（職務外）	船員保険（疾病部門）	政府管掌健康保険 組合管掌健康保険 国民健康保険 各種共済組合（短期給付）
失業保険		雇用保険	雇用保険
年金保険	災害補償部門（職務上）	労働者災害補償保険	労働者災害補償保険など 各種共済組合（長期給付）
	職務外	厚生年金保険 国民年金	厚生年金保険 国民年金 各種共済組合（長期補償）

（財団法人 船員保険会「船員保険の事務手続き」より抜粋）

5　安全管理の基準となる労働協約

船員の労働条件については，船員法により最低限の基準が定められているが，具体的な労働条件については，全日本海員組合と船主団体（または個別の海運会社）との間で締結される労働協約に定められることになっている。船主団体とは各船主を一元的に取りまとめる団体であり，全日本海員組合からなされる改善要望（船員全体の労働条件の改善などの要望）に対応する。外航に関する船主団体は日本船主協会である。外航船員にかかわる労働協約書の主な内容は次の表の通りである。

外航船員にかかわる労働協約

労働時間	平日の労働時間は8時間以内。それ以外の労働時間ならびに日曜日の労働は時間外労働とし，その取り扱いなどが規程に定められている。
就業規則	船員法（第97条）により，常時10人以上の労働者を使用する船舶所有者は，就業規則の作成ならびに国土交通大臣への提出が義務づけられている。就業規則は，労働協約に基づき，各社個別の内容が記載されている。各社の就業規則の内容は，労働協約を下回ってはならないとされている。
職場委員	会社における組合員の窓口役として，職場委員が任命されている。職場委員は会社の業務を兼ねて組合員の苦情処理を行うこともあり，乗船中の労働環境の改善などは職場委員に相談することができることになっている。

6　外国人とともに働く職場としての外航船

(1) 外航船は「混乗船」である

外航船において，同じ船の中で一緒に働く仲間は通常「外国人」である。新造の大型LNGタンカーでも日本人の船員数は3〜5名程度で，船長，一等航海士，機関長，一等機関士，ガスエンジニアぐらいである。残りはフィリピン人をはじめとする外国人船員が乗り組んでいる。外国人の部下を統率しながら共に働くのが現在の外航船であり，外国人の同僚とのコミュニケーションは英語である。外航船では英会話が苦手といって逃げることなどできず，仕事，食事，生活のすべてに英語が必要となっている。

外航海運において船長・機関長に昇進する際にTOEIC 650点以上という条件を課している会社もある。学生時代に英語に親しみ，勉強しておくことを強く勧める。

また，「陸上勤務」では外地勤務や業務で外国の顧客に接する機会も多く，文書作成でも英語力の発揮が求められるので，会話だけでなく，語彙力や文法の修練も怠りなく行っておくこと。

英語が読めて話せれば，外航海運の士官としての人生を数倍楽しむことができる。

(2) 外国人船員の労働条件

同じ職場で働く外国人船員の労働条件の現状について概説しておこう。

日本人船員は一つの会社に入社して定年までを全うするのが普通であるが，一緒に仕事をする外国人船員は1回の乗船毎に契約するのが一般的である。日本人船員は会社に籍を有する船員であるが，外国人船員は会社員ではなく，通常は9カ月乗船の契約船員であることを認識しておくことが必要である。次の表は外国人船員（職員）の給与表である。

外国人船員の給与表（2017年現在）

船長	機関長	一等航海士 一等機関士	二等航海士 二等機関士	三等航海士 三等機関士
5,855ドル	5,555ドル	3,865ドル	2,346ドル	2,003ドル

月額手取額，単位米ドル。2017年1月より適用。
（出典：IBFJSU/AMOSUP-IMMAJCBA）

なお現在，熟練した船舶職員は世界的に不足している。したがって，熟練した航海士・機関士に限っての話ではあるが，上記の表の1.5倍から2倍の給与となっているというのが2017年の状況である。とくにLNG船など特殊船の経験のある船長・機関長の場合，毎月の給与は2万ドルを超える。なかには，2万ユーロの声も聞こえるほど好待遇を受けている例もあるという。

7　おわりに

以上，外航船の航海士・機関士の労働条件について紹介した。一般陸上企業の労働条件との差異をよく理解した上で，外航船の航海士・機関士として働く夢を実現してもらいたい。外航船の航海士・機関士となる夢に近づくための不可欠で確実な更なる一歩は，英語力を身に付けること，たゆまぬ努力を継続すること，視野を広げて教養を身につけることである。文学や芸術や学問研究など，文化的なことにも興味関心を持ち，教養人・専門職業人として幅を広げていくことにも貪欲であってほしい。

人間力を磨く仕事場としても海運界は最高のステージである。あなたが「船の世界」に進んで，意気高く働いてくれることを心から念願している。

高専はプロフェッショナルを育成します

高等専門学校（高専）は，創造的で実践的な知識・技術を具備したプロフェッショナルを育成する学校です。5年制（商船学科は5年6カ月の課程）の高等教育機関であり，中学校卒業後の早い年齢段階から，一般科目と専門科目が有機的に組み合わされた「くさび型」一貫教育を実施しています。また，高専の本科を卒業した後に入学する2年制の専攻科も設置されています。専攻科を修了した学生は，大学評価・学位授与機構の審査を経て，学士の学位を取得することができます。もちろん，大学院に入学することもできます。

高校と大きく異なる点は，校長をトップとする教員組織が，教授，准教授，講師，助教及び助手という，大学と同じ職階制を採っている点でしょうか。博士の学位を持つ教員も多く，専門的で高度な教育が行われています。理論的・学問的な基礎を踏まえつつ，「体を動かす」実験・実習・実技を重視していることも特徴点に挙げられます。大部屋の職員室はなく，たいていの教員は，授業や実験の時間以外は個人研究室（教員室）で仕事をしています。教育だけでなく，研究活動（学会活動など）も日常の業務となっています。

外航海運会社一覧（資本金3億円以上）

本社所在地	会社名	資本金
東京都千代田区	飯野海運株式会社 出光タンカー株式会社 NSユナイテッド海運株式会社 NYKバルク・プロジェクト株式会社 三光汽船株式会社 太平洋汽船株式会社 日産専用船株式会社 日本郵船株式会社 三菱鉱石輸送株式会社	130.9億円 10.0億円 10.3億円 21.0億円 4.5億円 21.0億円 6.4億円 1,443.0億円 15.0億円
東京都港区	旭海運株式会社 川崎汽船株式会社 共栄タンカー株式会社 株式会社商船三井 商船三井近海株式会社 昭和シェル船舶株式会社 株式会社東栄リーファーライン	4.9億円 754.5億円 28.5億円 654.0億円 6.6億円 4.5億円 8.9億円
東京都中央区	乾汽船株式会社 株式会社関西ライン 第一中央汽船株式会社 東京マリン株式会社	27.6億円 4.0億円 12.4億円 6.1億円
東京都品川区	イースタン・カーライナー株式会社	4.8億円
東京都新宿区	大東通商株式会社	20.0億円
神奈川県横浜市	JXオーシャン株式会社 郵船クルーズ株式会社	40.0億円 20.0億円
大阪府大阪市	日本クルーズ客船株式会社	4.0億円
兵庫県神戸市	八馬汽船株式会社 明治海運株式会社	5.0億円 18.0億円
広島県尾道市	株式会社ナカタ・マックコーポレーション	4.5億円
福岡県福岡市	カメリアライン株式会社	4.0億円

第16講 内航海運の労働条件

――――――――――――――――― 一般社団法人全日本船舶職員協会

法律により，日本の内航海運では，船員（運航要員）は日本人に限定されている。外国人船員とともに働き，英語を業務上の使用言語とする外航船とは，この点で異なっている（内航でも外国船との交信などで英語が必須になってきているが）。

また，内航海運と一口にいっても，会社数は4000社を超え，資本金や売上や従業員数などの規模も，大手から中小企業・零細企業までさまざまである。一般になじみのある渡船やフェリーばかりでなく，スタジオジブリの『崖の上のポニョ』（2008年公開）で話題となった貨物船でも，コンテナ船，タンカー，紙専用船，石炭などを積むバルクキャリア（撒積船（ばら））など，いろんな種類がある。大きさも199総トンの小型船から2万総トン以上の超大型船まで揃っている。外航海運会社の系列会社もあれば，荷主系の会社もある。全国的に事業を展開する会社もあれば，地域密着で頑張っている会社もある。

この講では，商船系高専の卒業生の進路を踏まえ，船主側の労務団体（ここでは内航労務協会もしくは一洋会）を構成する大手・中堅の貨物海運会社の労働条件（2017年度）と，長距離フェリー会社の労働条件（2017年度の標齢給などの改訂率）を念頭に置いて解説することにした。

1　入社初年度の給与・手当

(1) 内航貨物船に勤務する三等航海士・機関士

まず，商船系高専の商船学科を卒業後，ただちに内航海運会社に採用され，貨物船の三等航海士・機関士として勤務した場合の給与・手当を試算してみよう。「3カ月乗船勤務＋1カ月休暇下船」を想定した。大手・中堅会社の賃金実態に基づいた数字を示していくが，船主や会社によって異なる場合があることをあらかじめ断っておく。

■ 乗船中の給与・手当

実年齢21.0歳の三等航海士・機関士の場合，基本給月額は21万3080円であり，これに諸手当が付加される。初任給（月給）はおおよそで38万円といったところであり，入社初年度の年収は500万円台前半となる。

次の表は一般貨物船に配乗される三等航海士の給与・手当を示したものである。月ごとの支給総額が38万4730円であることがわかる。タンカーに乗船する場合には，タンカー手当が支給される。基本給区分毎に定額の手当が出る。基本給が21万3080円の場合，1万2290円の手当が付くので，39万7020円が支給される。

一般貨物船に乗船する実年齢21.0歳の三等航海士の基本給と諸手当

給与・手当の種類	金額（円）	備　考
基本給	213,080	実年齢21.0歳の三等航海士・機関士の基本給。
家族手当	0	妻月額3900円，子供一人月額1950円。 ここでは未婚者と仮定し，家族手当は0円とした。
時間外手当，夜間割増手当，休日割増手当，休日就労手当，代休手当	140,000	ある会社の時間外手当や船内休日付与の実績を平均化して算出。だいたい基本給の60％程度の額となる。
その他の作業手当、慰労金	9,000	各船共通の事務作業手当，衛生作業手当，船倉内の掃除手当，ピストン抜き作業手当，ボイラ外部掃除手当など。
航海日当	22,650	乗船中1日に付き755円（職位別）の日当が支給される。30日分として月額2万2650円。
計	384,730	三等航海士の月例給与総額に相当する。

■ 休暇下船中の給与・手当

では，休暇下船中の賃金はどうなっているのか。下船中は，航海日当や時間外手当がないので，賃金の支給項目としては，基本給と家族手当となる。これに加え，船員法で定められている有給休暇中は食糧金が支払われる。3カ月乗船した後，1カ月間の休暇を取得して下船する場合には（長期休暇は年間3回で計3カ月分），1カ月あたり8日間分の食糧金1万560円が支払われる。

休暇下船中の三等航海士・機関士の給与と諸手当

給与・手当の種類	金額（円）	備　考
基本給	213,080	
家族手当	0	妻月額3900円,子供一人月額1950円。未婚者と仮定。
食糧金	10,560	8日分（1320円×8日＝1万560円）
計	223,640	

■ 年間臨時手当

年間臨時手当（ボーナス）は，毎年7月初旬と12月初旬に支給される。景気の動向にもよるが，2017年度の支給率は年間で基本給×1.10×4.23であり，夏と冬にそれぞれ同額が支給される（基準会社の例，プラスアルファの支給率の会社もある）。

入社月日と年間臨時手当の算定期間が異なるので最初の年間臨時手当は100％支給とはならないが，年間を通じて勤務していたと仮定すると，年間支給額は99万円となる。

(2) 長距離フェリーに勤務する三等航海士・機関士

■ 月額の給与・手当

長距離フェリーの勤務形態は，貨物船の「3カ月勤務＋1カ月休暇」とは異なり，ほぼ1カ月の間に乗船勤務期間と休日・休暇が含まれることが多いようだ。20日間船に乗って，10日間休暇で下船というスケジュールである。

こういったことを踏まえると，月間支給額（月額の給与・手当）は，三等航海士が38万6000円，三等機関士が34万6000円となる。これらの額は，年間ベースの平均乗船日数と休日数を前提としたものである。給与項目には，基本給（標齢給＋職務給），機関部手当，衛生管理者手当，時間外関連手当（夜間割増手当や休日割増などを含む），作業手当，航海日当が含まれている。また，支給額のなかには，休日・休暇の未消化分を割増手当とした額も含まれている。

■ 年収額

先述のとおり，1カ月のなかに乗船勤務期間と陸上での休日・休暇期間が含まれる。「20日乗船勤務＋10日休暇下船」を前提とすると，1カ月の支給額×12カ月分に，年間臨時手当額をプラスしたものが年収額となる。2017年の新任三等航海士・機関士の年間臨時手当額は121万7000円なので，年収額は，航海士が584万9000円，機関士が536万9000円ということになる。

長距離フェリーの三等航海士・機関士の給与月額と年収額（標準モデル）

	乗船日数	休日・休暇日数	給与月額（円）	年収額（円）	備　考
航海士	229	136	386,000	5,849,000	月間時間外勤務29時間
機関士	227	138	346,000	5,369,000	月間時間外勤務18時間

航海士・機関士いずれにも，年収額には年間臨時手当額121万7000円を含んでいる。

2　昇進昇格後の給与月額と平均年収（貨物船の場合）

経験を重ね，二等航海士・機関士になり，一等航海士・機関士に，そして船長・機関長になった際の給与・手当についても試算してみよう。

次の表は内航二団体（内航労務協会，一洋会）の年収概算で，各職位初任時（標準昇進年齢で各職位に就いた時点）の基本給や年収額などを示している。

より上級の海技免状を早い段階で取得し，昇進してきた人は，若くして良い収入を確保している。中途入社で経験年数が少ないため，年齢の割に低い年収に甘んじている人もいる。全体的には，長年同じ会社で精勤した人物は妥当な評価を受け，年相応以上の収入を得ていることがわかる。

内航二団体年収概算（単位：円）

職位	年齢（歳）	基本給	諸手当	乗船中賃金計	下船中賃金計	年間臨時手当	年収計
三等航海士	21	213,080	202,736	415,816	223,640	991,461	5,317,851
三等機関士	21	213,080	209,825	422,905	223,640	991,461	5,378,450
二等航海士	28	250,150	239,100	489,250	260,710	1,163,948	6,246,015
二等機関士	28	250,150	228,236	478,386	260,710	1,163,948	6,153,150
一等航海士	33	282,360	273,785	556,145	292,920	1,313,821	7,078,897
一等機関士	33	282,360	259,495	541,855	292,920	1,313,821	6,956,741
船　長	41	360,440	378,399	738,839	371,000	1,677,127	9,273,395
機関長	38	337,630	307,561	645,191	348,190	1,570,992	8,288,024

3　休日・休暇

(1) 内航貨物船

内航二団体に所属する貨物海運会社では，「年間の勤務期間における休日は121日とし，特定休日は設定しない」と規定されている。その内訳は日曜日，土曜日，祝日などの合計である。そのうち105日を陸上休暇として取得し，残りは乗船中に付与されるか，休めなかった日数については時間外労働として扱われ，休日割増手当，休日就労手当などの名称で，通常の時間外手当よりも多い割増率で補償されている。

実際の休暇付与は，2.5カ月～3カ月の乗船，25日～1カ月の陸上休暇といったパターンで運用されている。

(2) 長距離フェリー

長距離フェリーの年間休日は，内航二団体に所属する貨物海運会社と同じで，121日となっている。有給休暇が26日あるので，年間休日は合計で147日となっている。原則全日数を陸上で消化することになっているが，やむなく付与できない場合は，内航二団体と同様，通常の時間外手当より多い割増率で補償し，休日付与に代える制度となっている。

実際の休暇付与は，船社や船種，航路などにより異なっている。外洋を走るフェリーの場合，おおむね20日乗船し，10～13日陸上休暇とする例が多い。瀬戸内海を走るフェリーは，6日乗船して3～4日陸上休暇というパターンで運用している。

(3) 慶事・弔事の特別休暇制度

その他の休暇として，特別休暇制度が挙げられる。これは，内航二団体所属会社も長距離フェリー会社もほぼ同じである。1つは，みずからが結婚した場合に取得できる15日間の陸上休暇である。通常の陸上休暇日数とあわせれば，1カ月以上の新婚旅行が可能である。2つめは弔事の休暇である。身内に不幸があった場合，最高で15日間の陸上休暇が取得できる。

4　船員の労働組合

船員は，一般の労働者とは異なった勤務形態が採用されているが，労働者である以上，団結権，団体交渉権，団体行動権といった労働三権が保障されている。

船員の労働組合は，民間の船舶（海運・水産・港湾）で働く船員の組合と，官公庁船で働く船員の組合（海技教育機構や水産庁などで働く船員の組合）に大別される。

ここでは，民間の船舶で働く船員の労働組合である全日本海員組合に限定して，説明していくことにしよう。

(1) 全日本海員組合

民間で働く船員の労働組合は，全日本海員組合だけである。日本唯一の産業別単一労働組合ということでも知られている。海運業，水産業，港湾関連産業のいずれかを問わず，船員のすべてが加盟できる。もちろん，内航と外航の区別もない。2017年7月末時点の組織人員は，日本人組合員約2.2万人，日本に居住していない外航船舶に乗り組む外国人組合員が6万人である。

船主側（海運会社側）は，全日本海員組合との折衝窓口として，労務団体を結成して対応している。たとえば，内航の船主団体として，内航労務協会，一洋会，全内航などが挙げられる。経営基盤のしっかりした労働条件の良い海運会社は労務団体に所属し，全日本海員組合と労働協約を結んでいる。

(2) ユニオンショップ制

船主団体を構成する海運会社と全日本海員組合は，ユニオンショップ制の協定を結んでいる。ユニオンショップ制とは聞き慣れない言葉かもしれない。これは，労働者の組合員資格と従業員資格を関連させ，労働組合組織の維持・拡大を図るしくみの1つである。

労働組合員でなくとも従業員にはなれるが，いったん従業員となった以上，労働組合員でなければならない，という制度である。つまり，海運会社に船員として雇用される以上，全日本海員組合の組合員でなければならないというものである。船員として働くなら，こういった事柄は必須の基礎知識である。確実に知っておいてもらいたい。

5　おわりに

外航海運にくらべ，内航海運は産業としての全体像や個別企業の動向がわかりにくい，と言われてきた。しかしながら，モーダルシフトの流れが加速しつつあり，内航海運は「環境にやさしい」輸送機関として熱い注目を集めているところでもある。物流・交通の根幹を担い，旺盛な物財生産や消費生活を支えてきた。今後も日本経済の成長に重要な役割を果たしていくはずである。

この講では，内航船で働く航海士・機関士の労働条件や労働組合のことを概観してきた。詳しく説明することはできなかったが，海運界をめざす学生諸君にとっての参考資料となり，就職への評価指標になれば幸いである。

毎年，多くの学生がインターンシップで内航海運の船舶へ数日間乗船している。その過程を通して，海運会社を将来の職場として選択することを決意した者が多いという。自分の目と耳と頭で，内航海運を自分の職場の対象として研究し，選択してくれることを期待している。

内航海運会社一覧（資本金3億円以上）

本社所在地	会社名	資本金	備考
北海道苫小牧市	ナラサキスタックス株式会社	4.2億円	
東京都千代田区	旭タンカー株式会社	6.0億円	
	エスオーシー物流株式会社	3.0億円	
	NSユナイテッド内航海運株式会社	7.1億円	
	川崎近海汽船株式会社	23.6億円	
	栗林商船株式会社	12.1億円	
	JFE物流株式会社	40.0億円	
	全農物流株式会社	15.3億円	
東京都中央区	味の素物流株式会社	19.3億円	
	東海運株式会社	22.9億円	
	オーシャントランス株式会社	12.0億円	
	共和産業海運株式会社	3.0億円	
	コスモ海運株式会社	3.3億円	
	株式会社商船三井内航	6.5億円	
	第一タンカー株式会社	5.5億円	
	日鉄住金物流株式会社	40.0億円	
	北星海運株式会社	4.9億円	
東京都港区	商船三井フェリー株式会社	15.7億円	
	昭和日タン株式会社	4.9億円	
	玉井商船株式会社	7.2億円	
	鶴見サンマリン株式会社	3.9億円	
	東海汽船株式会社	11.0億円	
	日本海運株式会社	10.0億円	
	日本マリン株式会社	3.0億円	
	三菱ケミカル物流株式会社	15.0億円	
東京都江東区	近海郵船株式会社	4.6億円	
東京都大田区	日本サルヴェージ株式会社	6.4億円	内外航タグ
神奈川県横浜市	上野トランステック株式会社	4.8億円	
	東京汽船株式会社	5.0億円	
新潟県佐渡市	佐渡汽船株式会社	8.4億円	
愛知県名古屋市	太平洋フェリー株式会社	20.0億円	
	名港海運株式会社	23.5億円	
大阪府大阪市	新日本海フェリー株式会社	19.5億円	
	株式会社辰巳商会	7.5億円	
	月星海運株式会社	4.6億円	
	深田サルベージ建設株式会社	6.5億円	内外航タグ
	株式会社名門大洋フェリー	8.8億円	
兵庫県神戸市	神鋼物流株式会社	24.7億円	
	兵機海運株式会社	6.1億円	
島根県隠岐郡	隠岐汽船株式会社	4.7億円	
広島県広島市	マツダロジスティクス株式会社	4.9億円	
山口県宇部市	宇部興産海運株式会社	6.6億円	
山口県周南市	スオーナダフェリー株式会社	4.8億円	
	東ソー物流株式会社	12.0億円	
福岡県北九州市	阪九フェリー株式会社	12.0億円	
大分県大分市	国道九四フェリー株式会社	4.8億円	
鹿児島県鹿児島市	マリックスライン株式会社	3.0億円	
	マルエーフェリー株式会社	4.5億円	
沖縄県那覇市	東亜運輸株式会社	4.0億円	
	琉球海運株式会社	4.9億円	

先輩からひと言　アイシン軽金属株式会社　五十嵐 裕亮
（2011年9月 富山高等専門学校卒業）

私は富山高専の商船学科機関コースから富山大学工学部機械知能システム工学科に編入学しました。大学への編入を選んだ理由は，商船機関だけではなく様々な機械を学び自分の知識を深めたいという思いと，そして地元企業での就職を望んでいたため，より職種の幅が広がるのではないかと思ったからです。

編入するにあたっては，過去に富山大学へ編入学した例もあまりないことや，クラスメイトもほとんどが就職であったため仲間も少なく不安でいっぱいでした。また編入試験自体が乗船実習中であったため，実習を行いながら面接の練習や筆記試験対策などを行うことは大変で苦労をしましたが，今ではその経験が活き，何事もくじけず行う能力がつきました。また友人関係も不安でしたが，1年間の航海訓練を通して培ったコミュニケーション能力を活かし，同じ編入学者や在学生ともすぐに仲良くなることができたので困ることはありませんでした。

大学の講義については自分でカリキュラムを組めるため，自分の興味のある分野の講義を複数取り知識を深めることもできましたし，富山高専時代の単位振替があったことで，在学生がまだ取れていない単位を先に取得できる部分もあるため，その空いた時間でわからなかった講義の復習や教授への質問を行い，またアルバイトをするなど有効活用することができ，有意義な大学生活を送ることができました。

今では地元の自動車メーカーに勤め，新しい部品の設計から製作までを主に行っています。富山高専で学んだ規律や生活能力，富山大学で学んだ機械知識を活かしてこれからも進んでいきたいと思います。

皆さんも一生に一度の人生ですので，高専という場で終わらせずに大学という場で自分の可能性の幅を広げてみてはどうでしょうか。

外航海運会社の業界研究

石田邦光

大手の外航海運各社は，荷主のリクエストにできるだけ応えられるように，定期船（ライナー；liner）部門，不定期船（トランパー；tramper）部門およびタンカー部門，さらに自動車船や客船の部門を有している。定期船はあらかじめ決められた航路を日程どおりに運航する路線バスのようなものであり，コンテナ船がその典型である。不定期船は必要に応じて必要な航路に就く貸し切りバスのようなもので，撒（ばら）積船やタンカーなどである。

外航海運会社といっても，何百隻もの船を運航している会社から1隻しか運航していない会社まである。また，さまざまな種類の船を運航している会社もあれば，限られた種類の荷物だけを運ぶ専用船に特化した会社もある。

今日，世界経済のグローバル化が加速し，外航海運は原材料の集配から製品の集配に至るまで，世界を駆けめぐり，きめ細やかなサービスを提供する総合物流企業へと飛躍的な発展が求められている。このため，高専の商船学科卒業生も船に乗ることだけでなく，陸上での活躍も大いに期待されて採用されていくのが現状である。

1　大手海運会社

現在，日本において大手と呼ばれているのは，日本郵船，商船三井，川崎汽船であり，日本の外航海運会社の中核にこれら3社が位置するようになった背景は，第14講に詳述されている。また，日本に発着する外航定期航路のほとんどはこの大手3社で運航されている。コンテナ船の運航においては，複数の船会社が世界規模で提携関係を結ぶことで，コンテナ船のスペースを分け合い，共同で運航させる船社間協定があり，これを「アライアンス」と呼ぶ。大手3社も，韓進海運（韓国），陽明海運（台湾）およびハパックロイド（ドイツ）と2016年5月に「ザ・アライアンス」を設立した。さらに，2017年7月には大手3社のコンテナ船事業を統合した新会社“ONE（Ocean Network Express）”を設立し，2018年4月からサービスを開始する。

(1) 日本郵船株式会社—NIPPON YUSEN KABUSHIKI KAISHA (NYK LINE)

■ 概要

企業理念は「わたくしたちは，海・陸・空にまたがるグローバルな総合物流企業グループとして，安全・確実な「モノ運び」を通じ，人々の生活を支えます。」である。世界では「NYK」として知られている。日本郵船はグループ内で陸・海・空の輸送サービス機能を備えるだけでなく，グループ外の企業との業務提携によって総合物流企業としてさらなる強化を図っている。従業員数は2017年3月で1697名であり，そのうち陸上社員は1113名（うち陸勤船員267名），海上社員は317名である。

■ 沿革

1870年　九十九商会（後の三川商会，三菱商会）設立
1875年　三菱商会を郵便汽船三菱会社へ改称
1885年　郵便汽船三菱会社と共同運輸会社が合併し，日本郵船会社を設立
1926年　第二東洋汽船を合併
1964年　三菱海運と合併
1991年　日本ライナーシステムを合併
1998年　昭和海運を合併
2007年　フィリピンにNYK-TDG MARITIME ACADEMY開校

■ 船隊

コンテナ船97隻，撒積船372隻，チップ船43隻，自動車船111隻，タンカー63隻，LNG船70隻，客船1隻，シャトルタンカー28隻，その他47隻，合計832隻（2017年3月）。

■ グループ企業など

主なグループ会社は海運だけでなく物流・倉庫・港湾輸送，客船・旅行代理店など，連結子会社を含めた社員数は3万5935名に及ぶ（2017年3月）。

客船事業としては，2015年にクリスタル・クルーズ社をゲンティン香港に売却し，今後は経営資源を「飛鳥Ⅱ」に集中させ，飛鳥ブランドをさらに発展させていくことになった。

東証一部上場の郵船系外航海運会社としては，NSユナイテッド海運，共栄タンカーがある。

■ **環境への取り組みと社会貢献**

本社にCSR部門を設置。CSR(Corporate Social Responsibility)とは企業の社会的責任であり，「安全」「環境」「人材」を最優先課題としている。「安全」「環境」への取り組みにおいては，IoT(Internet of Things)やAI(Artificial Intelligence)など，最新のIT活用によるイノベーションに注力している。

■ **発展性**

2014年4月から新たな5カ年の中期経営計画“More Than Shipping 2018 ～Stage 2　きらり技術力～”をスタートさせ，2017年4月には2025年に向けた成長ロードマップとして新たな中長期経営計画「TRANSFORM 2025」を発表した。

(2) 株式会社商船三井―Mitsui O.S.K. Lines

■ **概要**

企業理念は「顧客のニーズと時代の要請を先取りする総合輸送グループとして世界経済の発展に貢献します」「社会規範と企業倫理に則った，透明性の高い経営を行ない，知的創造と効率性を徹底的に追求し企業価値を高めることを目指します」「安全運航を徹底し，海洋・地球環境の保全に努めます」の3つである。日本郵船と双璧をなす海運会社で，世界では「MOL」として知られている。世界最大級の運航船腹量(輸送力)を誇り，LNG船部門は世界一である。従業員数は他社への出向者などを除くと，2017年3月で966名(陸上670名，海上296名)である。

■ **沿革**

1878年　鉄製蒸気船「秀吉丸」で三池炭の海外輸送(口之津(くちのつ)－上海間)を開始
1884年　大阪商船設立
1942年　三井物産の船舶部が独立し，三井船舶となる
1964年　大阪商船と三井船舶が合併し，大阪商船三井船舶になる
1993年　船員養成学校をマニラに設立
1999年　大阪商船三井船舶とナビックスラインが合併し，商船三井発足
2007年　訓練船「SPIRIT OF MOL」竣工
2009年　本店を大阪から東京に移転

■ **船隊**

コンテナ船91隻，ドライバルク船337隻，油送船169隻，LNG船80隻，自

動車船120隻，フェリー・内航船14隻，客船・その他36隻，計847隻（2017年3月）。

■ **グループ企業など**

グループ従業員は1万794名に及ぶ（2017年3月）。客船事業については，明治時代から今日まで続けてきた日本唯一の会社である。現在は，2010年に大改装を終えたクルーズ客船「にっぽん丸」を運航している。

東証一部上場の商船三井系外航海運会社としては，乾汽船，明治海運がある。

■ **環境への取り組みと社会貢献**

CSR活動の推進については，環境規制への対応をビジネスチャンス，差別化の戦略と捉え，優れた環境技術の積極的活用・開発に挑戦している。また，地震などの被災地支援，キッズスクール開催といった多様な取り組みを進めている。

■ **発展性**

2017年4月，新たに策定した新経営計画“ローリングプラン2017”に「10年後のありたい姿」として次の3つを掲げている。①世界中で「お客様にとって使い勝手がよくストレスフリーなサービス」を提供し，「いつもお客様の傍にいる強くしなやかな存在」をめざす。②環境・エミッションフリー事業をコア事業のひとつに育てる。③相対的に強い事業の選択と集中を行い，「競争力No.1事業の集合体」になる。

(3) 川崎汽船株式会社—KAWASAKI KISEN KAISHA, LTD.

■ **概要**

企業理念は「海運業を母体とする総合物流企業グループとして，人々の豊かな暮らしに貢献します。」である。日本では日本郵船，商船三井につぐ海運会社で，世界では「K-Line」として知られている。少数精鋭による創造とチャレンジ精神がモットーである。2019年には創立100周年を迎える。従業員数は2017年3月で735名（陸上552名，海上183名）である。

■ **沿革**

1919年　川崎汽船設立

1964年　飯野汽船を合併

1970年　日本初の自動車専用船（PCC）“第十とよた丸”竣工

1983年　日本籍初のLNG船“尾州丸”を就航

1993年　マニラ船員研修所を開設

2006年　日本最大船型8000TEU積みコンテナ船「HUMBER BRIDGE」竣工

2007年　海事技術者育成施設“K” Line Maritime Academyをインドに開設

■ **船隊**

コンテナ船67隻，撒積船260隻，自動車船97隻，エネルギー資源輸送船（LNG船，LPG（Liquefied Petroleum Gas）船，液化ガス輸送船および各種タンカー）64隻，重量物船15隻，その他57隻，計560隻（2017年3月）。

■ **グループ企業など**

グループ従業員は8018名に及ぶ（2017年3月）。

■ **環境への取り組みと社会貢献**

2050年に向けた長期の環境指針「“K” LINE 環境ビジョン2050」を策定し，船舶技術の粋を結集した次世代環境対応フラッグシップ“DRIVE GREEN HIGHWAY”を竣工するなど，環境保全においても先進的なチャレンジで独自性を発揮している。

■ **発展性**

2017年度から創立100周年を迎える2019年までの3カ年中期経営計画「飛躍への再生」を制定した。

2　準大手海運会社

日本の外航海運は，大手3社だけで維持されているわけではなく，その他の多くの会社があって成り立っている。大手3社以外は，主に不定期船を運航している。長い歴史を持つ優良な会社，順調な収益を上げている会社，運航する船種・航路を限定している会社など，各社は経営理念を含めて，その独自性と特色で競い合っている。

そのなかでも，大手3社に次ぐ会社とされる準大手海運会社には，現在，飯野海運，NSユナイテッド海運などがあげられる。

(1) 飯野海運株式会社—IINO LINES

■ **概要**

戦前からタンカーを事業の中心に据え，特殊油槽船，貨物船を加えた3本柱で発展してきた。1997年には，不動産事業本部を新設して経営基盤の強化を図っている。長期契約が主力のため，収益は安定している。原油，LPG，石油製品，動植物油などの輸送に強く，船種も多い。貨物船は石炭，木材チップ，肥料などの原材料を豪州や米国などから輸送している。従業員数は2017年3月で149名（陸上96名，海上53名）である。

■ **沿革**

1899年　飯野商会を創立
1918年　飯野商事を設立
1922年　飯野汽船を設立
1941年　飯野商事を飯野海運産業と改称し，飯野汽船と合併
1944年　現在の名称に変更

■ **船隊**

オイルタンカー3隻，ケミカルタンカー38隻，大型ガスキャリアー18隻，小型ガスキャリアー30隻，撒積船20隻，計109隻（2017年3月）。

■ **グループ事業**

海運業，不動産業，経理・情報処理，保険業，リース業・倉庫業，システム開発，メディア関係を含め，グループ会社は70社である（2017年3月）。

■ **環境への取り組みと社会貢献**

経営理念「安全の確保が社業の基盤」のもと，数多くの工夫を重ね燃費向上，大気汚染物質の排出削減に取り組んでいる。イイノホール&カンファレンスセンターを運営し，文化・芸術の発信拠点として社会に貢献している。

■ **発展性**

飯野海運グループは，2017年4月，3カ年の中期経営計画「Be Unique and Innovation. ―創立125周年（2024年）に向けて―」（計画期間：2017年4月～2020年3月）を発表した。

(2) NSユナイテッド海運株式会社―NS UNITED KAIUN KAISHA, LTD.

■ **概要**

新日鐵住金，日本郵船の関連会社で，鉄鉱石，石炭などの鉄鋼原料や石油，LPG，石油製品の海上運送を得意としている。鉄鋼原料，近海（中国，東南アジアなど近海水域物流），石炭，不定期船，油送船（原油・ガス輸送）の5つのサービスを持つ。とくに中国をはじめとする東南アジア諸国の物流を支える近海水域サービスに力を入れている。従業員数は2017年3月で228名である。

■ 沿革

1947年　東邦海運株式会社創立

1950年　日鐵汽船株式会社設立

1962年　日鐵汽船・東邦海運が合併し，新和海運株式会社に社名変更

2010年　日鉄海運を吸収合併し社名をNSユナイテッド海運株式会社へと変更

■ 船隊

ケープサイズ39隻，ポストパナマックス・パナマックスサイズ21隻，ハンディーマックス・ハンディーサイズ31隻，一般貨物船25隻，VLCC・VLGC（Very Large Gas Carrier）/石油化学製品船8隻，計124隻（2017年3月）。

■ グループ事業

貸船事業を主とする会社や，船舶管理の代行を主とする会社が大半で，グループ会社は68社である（2017年3月）。

■ 環境への取り組みと社会貢献

NSユナイテッド海運グループでは，環境保全への取り組みとして，以下の5項目を掲げている。①地球温暖化防止，②大気汚染の防止，③ダイオキシン発生の防止，④オゾン層破壊の防止，⑤船内廃棄物の適正処理。

■ 発展性

2017年度を初年度とする中期経営計画「NSU 2021」を策定し，合併時より培ってきた強固な事業基盤の下，「Next Stage after United for 2021」をスローガンに，新たな中期経営目標の達成に取り組んでいる。

(3) ほか数社の会社概要

■ JXオーシャン株式会社—JX OCEAN COMPANY LIMITED

1951年，東京タンカーとして設立され，2011年4月JX日鉱日石タンカーに社名を変更した。2014年4月，JX日鉱日石シッピングと合併，JX日鉱日石タンカーを存続会社とし，JXオーシャンを設立した。この合併に伴い，原油輸送に加え，LPG，石油・石油化学製品，ドライバルクの外航輸送などをはじめとした海上輸送の総合力，専門性，技術力などの経営資源が結集された。グループ事業の中核をなす石油事業は原油の生産から販売まで一貫した操業体制の確立を目指しており，そのなかの海上輸送業務を担っている。2017年3月で社船6隻，他支配船舶61隻，従業員数は363名（陸上128名，海上235名）である。

■ 第一中央汽船株式会社—DAIICHI CHUO KISEN KAISHA

1960年，第一汽船と中央汽船の合併によって発足した不定期船総合海運会社である。2015年9月29日に民事再生法適用を申請し，2016年6月29日より「新生第一中央汽船株式会社」として再出発することになった。2017年3月現在，社船13隻，用船80隻の計93隻を運航している。

■ 乾汽船株式会社—INUI GLOBAL LOGISTICS COMPANY LIMITED

1908年に外航海運会社として乾合名会社が神戸に創設された。1933年に商号を乾汽船株式会社に変更し2001年に本社を東京に移転した。海運業，倉庫業，不動産業を営む会社で，海運業としてはバラ積み船が主力である。2016年3月末で運航船舶は29隻（そのうち自社船は17隻），従業員数は2017年3月現在で74名である。

■ 共栄タンカー株式会社

1949年に，現在の共栄タンカーが設立され，外航タンカーの運航に乗り出すとともに，外航中堅オペレーターの地位を確立した。2017年10月で所有船16隻，従業員数は53名（陸上27名，海上26名）である。

3　おわりに

この講で紹介した会社は外航海運会社のほんの一部にしか過ぎない。2016年における日本商船隊は2411隻で，このうち日本籍船は219隻である。外航日本人船員は2009年に2187人まで減少し，その後，2011年に2325人まで増加した後，ほぼ横ばい傾向にあったが，2016年には2188人まで再び減少し，日本人船員の割合は約4%に過ぎなくなった。経済安全保障の観点からは一定数の日本人船員の確保・育成が必要であるが，近年の歴史的な海運不況下にある外航海運界においては，大幅な増加は望めない。しかしながら，先端技術を要するLNG船の運航や，陸上での船舶管理など，外航日本人船員の活躍の場は広がっており，求められる知識・能力も変化している。こうしたことから，日本人には船に乗るだけではなく，高度な知識と技術を有する海事技術者としての活躍の場が求められている。

将来にわたって，日本人の海事技術者の必要性は変わらないが，時代に対応できる資質と能力を身に付けた人材が求められるわけで，そのことを肝に銘じて自己研磨し，外航船員を目指してほしい。そして，船員としての就職を考えるときに大切なことは，自分に合った会社を見極めることである。船や会社の雰囲気は会社によって千差万別であり，希望する会社を知名度や大小で判断してはならない。

内航海運会社の業界研究

石田邦光

内航海運会社における船舶職員の採用は，従来，海上技術学校，海上技術短期大学校および水産高校の専攻科が主であった。しかしながら，内航海運における大型船化と船舶管理の必要性から，単に資格だけではなく，高専や大学といった高等教育機関出身者を求める傾向が強くなってきており，会社における幹部候補として，採用の機会が増加している。また，内航海運では船員の高齢化や後継者不足という状況にあり，船員不足は深刻な問題となっている。

2017年4月現在，営業している内航海運事業者数は3040，船舶は2016年3月末で5183隻である。内航海運会社には，港内だけを航行する船を運航する会社もあれば，全国一円に運航させている会社もある。内航海運で運ぶ主な貨物には，鉄鋼製品，セメント，石灰石，穀物飼料，紙，自動車，砂利，日用雑貨，食糧，石油製品，LPガス，石油化学製品などがあるが，新幹線や地下鉄の車両なども運ばれている。そして，国内貨物輸送の約4割を担っている。

1　専用船運航に特化した会社

(1) 石油・化学製品輸送―上野トランステック株式会社

■ 概要

石油製品や化学製品を主に運送している。前身の上野運輸商会が，1869年沿岸回漕業を始めた。第二次世界大戦後，シェル石油の沿岸輸送を一手に引き受けた。1962年に石油化学製品輸送部門を上野ケミカル運輸として独立させたが，1998年グループの合理化により両社を統合し上野トランステックとなった。従業員は2017年3月で158名（陸上66名，海上92名）である。

上野グループは，内航タンカーのほか，タンクローリー約1600輛（りょう）を有する国内大手の運送業グループで，エネルギー関連の輸送，貯蔵，販売，環境保全において高度な技術と高品質なサービスを目指している。また，シンガポールを拠点とした外航タンカー部門も毎年活動範囲を拡げている。

■ 船隊

社船4隻，定期用船59隻，受託船3隻，計66隻を運航している（2017年3月）。

■ その他

横浜本社のほか，名古屋営業所，大阪営業所，およびシンガポール営業所などを持つ。

グループ会社の事業としては，海上輸送サービスのほかに石油製品の貯蔵，石油製品製造販売，太陽光発電，船舶代理店，通関サービスなどを取り扱っている。

(2) 自動車輸送—フジトランスコーポレーション

■ 概要

海運事業を中心に，世界にネットワークを構築して物流サービスを提供している総合物流グループである。業務が細分化されている輸送業界の中で，船舶，輸送車両，各種荷役機械，倉庫などをすべてグループ内でまかなっているのが特徴である。

1952年に港湾運送業を主体に名古屋で藤木海運を設立した。海上運送業，自動車運送業，倉庫業などと事業を拡大し，海陸一貫輸送体制を築いた。1995年，フジトランスコーポレーションに社名変更した。従業員は2017年3月で1265名である。

■ 航路と船隊

国内では，名古屋を起点として北海道・東北・関東・中国・四国・九州・沖縄に，社船7隻，定期用船3隻，計10隻を運航している（2017年3月）。

■ その他

名古屋本社のほか，国内では北海道（苫小牧）・仙台・東京・豊橋・大阪・水島・福岡の各支店を持つ。海外事業所は3カ国に拠点を持つ。

(3) 紙製品輸送—栗林商船株式会社

■ 概要

紙製品を中心にRORO船を運航している。1894年，北海道室蘭において室蘭運輸を設立した。1919年，同社より船舶部門を分離し，栗林商船を設立した。北海道・仙台・東京・大阪を結ぶ，RORO船運航の先駆的会社である。

王子製紙や日本製紙の紙製品と，日本製鋼所の鉄鋼製品や木材，農産物などを主要貨物としている。各港に栗林グループの港湾荷役会社があり，輸送貨物の集配および積揚などを行い，一貫輸送の事業に従事している。従業員は2017年3月で41名（陸上38名，海上3名）である。

■ **航路と船隊**

苫小牧・釧路を起点として仙台・東京・船橋・名古屋・大阪に，また室蘭と東京･大阪の間に，社船2隻，用船10隻，計12隻を運航している（2017年3月）。

■ **その他**

東京本社のほか，釧路支店，苫小牧支店，室蘭支店および仙台営業所などを持つ。

グループは，海陸一貫輸送の要である港湾運送事業各社と，不定期航路事業，舶用機器開発販売事業，不動産事業，ホテル事業など，多彩な企業群で構成されている。

(4) セメント・石灰石輸送―宇部興産海運株式会社

■ **概要**

セメント，石灰石を主に運送している。1942年に宇部港の港運会社を集約した宇部港運として設立された。1949年に同栄運輸と社名を変更した。1959年の宇部興産による資本参加を経て，その後，内航海運に進出した。1995年に宇部興産の関係会社である新大図汽船，同栄運輸および宇部興産の船舶部門が合併して，社名を宇部興産海運に変更した。従業員は2017年3月で317名（陸上202名，海上115名）である。

コンテナ事業，技術コンサルタント事業，内航海運事業，港湾運送事業，船舶代理店事業，国際複合一貫輸送事業の総合物流会社である。自社船では，セメント専用船，石灰石専用船などの船舶の配船・配乗・メンテナンスを行っており，内航船の保有船腹量は国内最大級である。定期用船では，石灰石専用船，一般貨物船，特殊タンク船など各種内航船を多数定期用船し，また必要の都度，随時用船をしている。

■ **航路と船隊**

宇部・苅田（かんだ）を起点に全国一円に，社船9隻，定期用船22隻，計31隻を運航している（2017年3月）。

■ **その他**

宇部本社のほか，東京営業所を持つ。宇部興産は，化学を中心に，建設資材，機械･金属成形，エネルギー・環境など幅広い事業を展開している会社であり，宇部興産海運はそのグループ会社の一翼を担っている。

(5) コンテナ輸送—井本商運株式会社

■ **概要**

1973年に会社を設立し，門司～神戸で国際コンテナのフィーダー輸送を開始した。2002年には国土交通省のモーダルシフト実証実験に参加した。こうした実績と経験によって築きあげた輸送網を最大限に活用し，従来からの内航フィーダー輸送に加え，コンテナ化による国内貨物海上輸送（動脈物流）や，今後ますます増大するコンテナによるリサイクル輸送（静脈物流）など，新しい業域の拡大に取り組んでいる。従業員は2017年3月で陸上40名である。

■ **航路と船隊**

2016年11月現在で，国内寄港地55港，定期航路42航路を有し，社船と用船あわせて28隻を運航している（2017年3月）。

■ **その他**

神戸本社のほか，東京営業所を持つ。

(6) タンカー—旭タンカー株式会社

■ **概要**

1951年3月，下関にて創立した。その後，大阪商船（現商船三井）の傘下に入る。1969年に本社を大阪市に移し，さらに1979年に東京に移転した。全国沿岸各地および近海区域にわたって，石油・ケミカル製品類の海上輸送を行っている。船舶管理会社などの周辺業務の開拓にも努力を払っているとともに，長年の経験と知識を活かしたバンカーサプライ業務の一貫引き受けサービスには，多大な実績を持っている。従業員は2017年4月で291名（陸上122名，海上169名）である。

■ **航路と船隊**

東京・大阪・名古屋を拠点に，小型船から大型船まで約120隻のオペレーションをしている。

■ **その他**

外航部門では，東京本社を中心に，シンガポール海外事務所を設置し，集荷・配船の体制を持っている。

(7) 特殊船―日本サルヴェージ株式会社

■ 概要

この会社の歴史は日本の海難救助の歴史といえる。1893年，長崎造船所の一部門より，本格的な海難救助事業へとその一歩を踏み出した。1917年，東京サルヴェージ，日本海事工業を設立した。1918年，帝国海事工業を設立した。1924年，日本海事工業と帝国海事工業が統合し，帝国サルヴェージを設立した。この時代から昭和初期にかけて，日本のサルヴェージ業界は帝国サルヴェージと東京サルヴェージの二大サルヴェージの競争で成長を遂げていった。1934年，帝国サルヴェージと東京サルヴェージが統合，日本サルヴェージとなった。現在は，シンガポール以東，西太平洋地域では最大のサルヴェージ会社であり，国際的に高い評価を得ている。従業員は2017年3月で119名（陸上104名，海上15名）である。

■ 船隊

運航船は社船5隻，用船1隻，計6隻である（2017年3月）。

■ その他

東京本社のほか，門司支店，今治営業所および沖縄連絡所を持つ。現在は，サルヴェージ作業で培ったノウハウを活かして，海洋事業分野へも活動範囲を広げ，海底電力・通信ケーブルの敷設をはじめとする海洋開発事業にも積極的に取り組んでいる。

2　フェリー・旅客運送会社

(1) 長距離フェリー―新日本海フェリー株式会社

■ 概要

国内最大手のフェリー運航会社である。大型長距離フェリー輸送の先駆として，1969年に小樽～舞鶴航路を開発した。今日，4つの航路，8隻の大型フェリー，6つの港を持つ。運行ダイヤはトラックやシャーシの輸送を中心としているため出航時間が深夜となる便が多く，一般旅客には利用しにくい面もあるが，就航船の開発には積極的に力を注いでいる。「はまなす」「あかしあ」は大型フェリーとしては日本最速の航海速力30.5ノットを誇り，2017年3月に就航した「らべんだあ」「あざれあ」は，垂直船首を採用している。従業員は2017年3月で450名（陸上200名，海上250名）である。

■ **航路と船隊**

舞鶴港～小樽港（あかしあ，はまなす）

敦賀港～苫小牧東港（すずらん，すいせん）

敦賀港～新潟港～秋田港～苫小牧東港（らいらっく，ゆうかり）

新潟港～小樽港（らべんだあ，あざれあ）

■ **その他**

大阪本社のほか，小樽本店，舞鶴・敦賀・新潟・東京・札幌・苫小牧・秋田の各支店および名古屋営業所を持つ。

(2) 離島航路旅客船―東海汽船株式会社

■ **概要**

ライフラインとして重要な離島航路を運航している会社である。1889年に有限責任東京湾汽船会社を設立した。1890年に東京湾汽船株式会社に改組し，1942年に社号を東海汽船株式会社に変更した。2002年には超高速ジェット船（ジェットフォイル）3隻を就航させ，2013年にはさらに1隻就航させて4隻体制となった。従業員は2017年3月で232名（陸上129名，海上103名）である。

グループ会社の伊豆諸島開発（伊豆諸島の各島間などのローカル航路），神新汽船（下田から各島への航路），伊豆七島海運（貨物航路）と一体になって航路運営を行っており，別途運営を行うグループ会社も含めると，伊豆諸島および小笠原諸島の海運をほぼ独占している。また，主力の海運業の他にも子会社などを通じて，路線バスの運行（伊豆大島），ホテル経営（同上）および各島へのセメントや燃料などの販売なども手がけている。

■ **航路と船隊**

- 大型客船（さるびあ丸，橘丸）
  東京～大島～神津（こうづ）島航路，東京～三宅島～御蔵（みくら）島～八丈島航路
- 超高速ジェット船（セブンアイランド愛，虹，友，大漁）
  東京～大島～神津島航路，熱海～大島航路，熱海～神津島航路，
  下田～大島～館山航路，熱海～伊東～稲取（いなとり）～大島航路

■ **その他**

東京本社のほか，貨物部（東京），竹芝，大島，三宅島，八丈島，熱海，横浜に各営業所を持つ。

3　外航海運会社の系列会社

(1) 川崎近海汽船株式会社

■ **概要**

1966年に川崎汽船の内航部門の全航路網とその就航船舶を継承し，分離独立した。内航部門，近海部門およびフェリー部門がある。内航部門は，貨物フェリーやRORO船をはじめとする定期航路，工業材料を輸送する不定期航路がある。近海部門は日本とアジアの近海諸国を結ぶ海上輸送で，東南アジアとの定期航路，材木・石炭を主に運ぶ不定期航路がある。また，シルバーフェリーの名で苫小牧と八戸間に旅客・乗用車を運んでいる。そのほか，オフショア支援船事業にも取り組んでいる。従業員は2017年3月で229名（陸上126名，海上103名）である。

■ **航路と船隊**

- 内航部門：日立～釧路，常陸那珂（ひたちなか）～苫小牧，東京～油津（あぶらつ）～細島，常陸那珂～北九州，清水～大分，釧路～苫小牧～仙台～東京～名古屋～大阪の定期船のほか，不定期船部門を持つ。
- 近海部門：日本～海峡地・インドネシア・タイ，マレーシア・インドネシア～日本・中国，パプアニューギニア・ソロモン～日本・中国・フィリピン・ベトナム，ロシア・ベトナム・インドネシア・豪州～日本・中国，タイ～日本・韓国，フィリピン～日本，北米・カナダ・豪州～日本などの定期および不定期船を持つ。
- フェリー部門：八戸～苫小牧航路を持つ。
- 2017年3月現在，47隻を運航している。

(2) 株式会社商船三井内航

■ **概要**

1996年7月にジャパン近海と山下新日本近海汽船が合併してナビックス近海になり，2001年にナビックス内航に商号を変更した。2003年7月，商船三井フェリーの不定期船部門を事業統合し，2014年9月に株式会社商船三井内航に商号を変更した。事業としては，原料塩輸送，電力炭輸送，重油輸送，LPG輸送，セメント輸送，鋼材輸送を中心に配船し，国内全域に運航している。

■ **航路と船隊**

専用船の主要航路としては，塩専用船は呉～日本各地，油送船は苫小牧・室蘭～知内（しりうち），石炭専用船は小名浜～広野（ひろの），LPG専用船は鹿島・千葉～四日市で，不定期船の主要航路は各製鉄所～日本各地である。2017年3月現在，社船5隻，定期用船25隻，運航受託船1隻の計31隻を運航している。

(3) NSユナイテッド内航海運株式会社

■ **概要**

1961年に，日鐵汽船の内航部門強化拡充のため，日和産業海運が設立された。そして，1974年に新和海運の内航部門の営業権譲渡を受け，新和内航海運として発足した。2014年10月，NSユナイテッド海運グループの一員としてNSユナイテッド内航海運株式会社に商号を変更した。従業員は2017年6月現在，125名（陸上67名，海上58名）である。

■ **航路と船隊**

室蘭～京浜，八幡～京浜，阪神～京浜，須崎～君津，尻屋（しりや）～室蘭に主要航路を持ち，社船13隻，定期用船56隻の計69隻を運航している（2017年3月）。

4　おわりに

内航海運は外国船員に頼ることができない分，船員不足は外航海運以上に深刻である。これまでのように外航海運や漁船員などからの転向者に期待することは難しく，高齢化の進展と後継者不足が深刻化している。

国土交通省においては，内航海運が抱える諸課題について議論すべく2016年4月に「内航海運の活性化に向けた今後の方向性検討会」を設置し，2017年6月に「内航未来創造プラン～たくましく 日本を支え 進化する～」をとりまとめた。主な施策は，船舶管理会社の活用促進，IoT技術を活用した先進的な船舶の開発・普及，そして船員の安定的・効果的な確保・育成である。一方で，輸送効率，環境問題，そして近年のトラックドライバー不足などを背景に内航海運の利用促進の気運が高まっている。

この講では，主たるサービスとして大型船舶を運航している会社や専用船に特化した会社など，実績と特色ある会社を取り上げた。また，主要な外航海運会社の内航部門に相当する会社も，内航海運における貢献度が高いことから取り上げた。ただし，ここで取り上げた会社はほんの一部であり，優良で魅力ある内航海運会社は他にもたくさんある。その意味でも，内航海運会社の研究を怠らないでほしい。

第19講 就職活動に必要なマナー

宮林茂樹・伊藤友仁

就職活動とは，あなたの好きな「仕事」，あなたに合った「仕事」ができる会社を見つけ，その会社で働くための選考試験を受けることをいう。やりたい「仕事」の見つけかたは第1講で述べたとおりである。

選考試験では，あなたが「社会人」としてふさわしい能力を持っているかも試されている。命令されて動くのではなく自分で考えて行動できる能力や，初対面の人や年上の人と良好な関係を持つことのできる能力など，学校での勉強とは異なるさまざまな能力や知識が「社会人」には要求される。その前提としてのマナーも当然，合否の判断基準となっている。

1　会社説明会でのマナー

(1) プレエントリー

プレエントリーとは，会社説明会に参加する就職希望の学生の数を把握するための仮予約のことである。

■ プレエントリーだからといって気を抜かない

プレエントリーをするためにはプレエントリーシートの質問事項に答えねばならない。そのプレエントリーシートに「最も興味ある職種は何ですか」のように選択式で答えさせる部分と，「志望動機は何ですか」という自由な記述をさせる質問項目がある場合，「選択式」の部分はさらりと流そう。あなたの考えを「自由に書き込む」ことのできる部分こそが重要なのだ。人事担当者は「自由に書き込む」志望動機に関して熱意を持って書かれているかをみるのである。

■ 会社説明会の予約がとれなかった場合でも諦めない

会社説明会の予約がとれなかったときは，電話をかけるべきである。「○○高専○年の○○○○（フルネーム）と申します。会社説明会の予約がとれませんでした。当日お伺いしてお話をお聞きすることができればたいへん参考になると思っているのですが，お願いできませんでしょうか」のように，謙虚かつ熱意をみせねばならない。相手方は仕事中の忙しいなか対応してくれていることを忘れずに，要領よく話をしなければならない。

(2) 会社説明会

■ 会社の自動ドアが開いたら気を抜かない

会社訪問は，面接の先取りであると心得なければならない。会社の自動ドアが開いた瞬間から，見られていると考えなければならない。受付の社員にも，高飛車な態度，いい加減な対応をしてはいけない。なぜなら，人事担当者から就職希望学生の言動・所作について，とくに悪い学生をチェックするように命じられている可能性があるからである。

■ 社員をじっくりと観察する

反対に，会社訪問はあなたが入社を希望している会社の様子を見る場でもある。あなたが想像していた会社と実際の会社の雰囲気が違っていないかをじっくりと観察する。たとえば，あなたに対する対応，社員間の様子などを見るのである。「受付で『おはようございます』などと挨拶された」「エレベータに乗るときは案内者が先に乗り，降りるときは私を先に下ろしてくれた」「応接室ではドアが内開きのときは案内者が先に入り，外開きのときは私が先に入れるようにしてくれた」などや，社員間で「おはようございます」と挨拶をしているかなど，常識的なビジネスマナーを社員が身につけているかを見るのである。

2　面接でのマナー

(1) 面接時のマナー

面接には個人面接，集団面接，討論面接がある。それぞれのポイントは後で詳しく述べることとして，共通のポイントをまず説明する。

■ 清潔感を主眼とし，個性的な服装は避ける

男性はワイシャツの襟が汚れていないか，ワイシャツやズボンにアイロンがかけられているか，靴は磨かれているか，ダークスーツなのに白い靴下ではないか，女性は濃いアイシャドーや派手な口紅をしていないか，ネイルアートをしていないか，ミニスカートやスリットの入った露出度の高いものではないか，大きなアクセサリーをしていないか，匂いのきつい香水をしていないか，男女ともだらしない着こなしをしていないかなどが面接ではチェックされる。

■ 話しかけられたら素早く「はい」と返事をする

「はい」は短くはっきりと発声する。敬意を持って謙虚な態度で話を聞く（はっきりしない返事，気のない返事のようないい加減な返事は不誠実な態度とみられる）。目を見て返事をすると相手は信頼感を抱く。適度に相づちをうつと相

手は話がしやすくなる。復唱をすると相手に安心感を与える。話の内容を箇条書にしてメモをすることは相手に真摯な姿勢をアピールできる。

■ **にこやかな顔で接し，ゆっくりと大きな声で話す**

笑顔を絶やさないと，相手にネガティブな感情を起こさせず，余裕のあるところをアピールできる。語尾までしっかりと発音する。話す内容，聞きたいことはあらかじめ整理しておく。適切な質問は真摯な姿勢をアピールできる。的確な質問は知性をアピールできる。話の内容を注目させ，相手の理解を深め納得してもらうため，ジェスチャーを交えて話をする。

■ **学生言葉，若者言葉などは絶対に使わない**

言葉づかいが乱れている現代において，正しい敬語が話せることは，「話す言葉はその人の価値を決める」と言われているように，それだけで輝いて見える。学生言葉・若者言葉は年配者や目上の人に対しては確実に不快感を与える。具体的には，「仕事」のできない人，部下にしたくないなどの印象を与えるため，不採用は決定的なものになる。

(2) 入退室のマナー

■ **ていねいなお辞儀**

お辞儀には3種類ある。草礼（会釈），行礼（中間礼），真礼（ていねいな礼）である。草礼は15°，行礼は30°，真礼は45°，背筋を伸ばし，腰を折る。これら3種のお辞儀を使い分けられねばならない。

■ **具体例**

たとえば，面接室に入る場合は，ドアをノック→ドアを開ける→草礼→入室→ドアを閉める→イスの右横まで歩く→「○○高専の○○○○（フルネーム）です。よろしくお願いいたします」と挨拶→真礼→面接官からの「どうぞお掛け下さい」という言葉を機に→「失礼します」と行礼→着席。

退室する場合は，「面接は終わりました。ご退席下さい」という言葉を機に→立ち上がる→イスの右横に立つ→「どうもありがとうございました」と真礼→ドア前まで歩く→面接官に向かい「失礼しました」と行礼→ドアを開け外に出る→草礼→ドアを閉める，となる。

(3) 個人面接のマナー

個人面接とは，1人の志望学生を対象として面談する形の面接方法である。

■ 個人面接では，面接官へ視線を向ける

相手の目を見て話すということである。面接官が複数いる場合の個人面接では，質問されたときは質問者に視線を向け，質問に答えるときは質問者および他の面接官にも視線を向けるように注意しなければならない。アイ・コンタクトは言葉では与えられないような安心感・信頼感を与えるからである。

■ 適切に相づちをうつ

コミュニケーションの基本は「聞く」ことにある。したがって，適切なリアクションとしての相づちは，「きちんと聞いている，理解している」「誠実」「知的」「対人適応力がある」などの好印象を与えることになる。しかし，同じ相づちばかりうつと話を聞いていないという印象を与えることになるので，場面によって使い分ける必要がある。すなわち，肯定する場合には「なるほど」「そのとおりですね」を使い，感嘆する場合には「それは知りませんでした」，話を展開する場合には「それでどうなったんですか」「と，おっしゃいますと」を使用する。

(4) 集団面接のマナー

集団面接とは，複数の面接官が複数の志望者と同時に面談する形の面接方法である。

■ 発言者のほうを向く

面接官，他の入社希望学生を問わず，発言をする人のほうに視線・顔・体を向けて話を聞くことが重要である。自分はどう答えようかなどと考え，うつむいたままではいけない。

話を聞くときに大切なことは話の要点をつかむことである。要点がわかりづらい場合には，「たいへん恐れ入りますが，もう少し具体的に教えていただけないでしょうか」と言えばよい。

■ 他の入社希望学生に対しても謙虚な態度をとる

他の入社希望学生の話や応答に冷笑や薄笑いを浮かべるような態度をとってはならない。また，他の入社希望学生の話を途中で遮る，または「私はそうは思いません」などの全面否定的な態度は，面接官の目に傲慢で協調性を欠く態度と映るので注意を要する。

(5) 討論面接のマナー

面接官がテーマを与え，複数の入社希望学生がそのテーマについてディスカッションする形の面接方法である。たとえば,「海洋汚染について」というテーマについて，入社希望学生同士が自分の考えを述べ議論をするのである。

■ **討論のマナーに注意する**

他の入社希望学生の意見をよく聞き，討論の流れを把握するという討論上のマナーを守らなければならない。討論の目的は「勝つ」ことではなく，意見を1つにまとめることでもない。1つのテーマについて，他者の見解をよく聞き理解することができるか，そして自分の意見をはっきりと述べることができるかを審査することが目的である。すなわち，初対面の人と意見の交換ができるということが重要なのである。

■ **討論は自己紹介の場と考える**

面接官が知りたいのは入社希望学生という人間自体であり，問題に対する回答ではない。したがって，自分の意見とは「タンカー事故により海岸に漂着したオイルボールを清掃した」というあなたの具体的な体験の紹介であり，「海洋汚染は魚などの海洋資源に計り知れないダメージを与える」などの一般論では決してない。言い換えれば，討論面接とは討論という名の自己紹介であることに注意すべきである。

3　OB訪問におけるマナー

(1) 訪問前の電話のマナー

■ **アポイントメントの電話から審査が始まっている**

入社希望学生と前もって面談をして入社の意向や希望の情報を得るOB社員をリクルーターというが，OB訪問とはそのリクルーターに会うことである。したがって，面談の約束（アポイントメント）を取るその電話から審査の対象となっている。たとえよく知っている先輩であっても横柄な言葉づかいは厳禁である。

■ **学校名と氏名をはっきりと名乗る**

電話をかけたとき，直接，目的の相手方が出るとは限らない。受付や所属部署の別の人には,「○○高専の○○（姓）と申します。△△様はいらっしゃるでしょうか」と学校名と名字だけでよい。目的の相手が電話に出てきたら,「○○高専の○○○○と申します」とフルネームで名乗る。

■ 電話をする場所と時間帯にも気をつける

繁華街で電話をすれば相手方は聞き取りづらく内容が正確に伝わらないし，早朝や退社まぎわの電話も避けるべきである。「いま，お話をお伺いしてもよろしいでしょうか」と相手の都合を聞くのも一つの方法である。

OBに電話をする時間帯としては10～11時，13～14時くらいが良いであろう。

■ 待ち合わせ時間などの決めかたで常識や要領が判断されるので注意する

自分のスケジュールを確認し，「先輩のご都合のよろしいときに一度お会いしてお話をうかがえないでしょうか」と切り出す。もちろん，最初にハガキやメールで面談の意思を伝えておけば，OBのほうも都合の良い日時を探す余裕があり，後の電話での訪問日時の決定はスムーズとなる。その場合には，「先日ハガキで面談をお願いいたしました○○高専の○○（姓）です。一度お会いしてお話をうかがいたいのですが，いかがでしょうか」と切り出せばよい。

また，訪問の日時や場所など重要なことを決めるときはメモ用紙を準備しておき，必ずメモをとるようにしなければならない。

■ 自分の空いている日時を書き出しておく

面談の日時に関して，OBから「いつがいいですか」と聞かれて返答に窮するようでは採用はおぼつかない。すなわち，当然そのような問いを想定し，あわてずすぐに答えられるように，電話をかける前に準備をしていなければならない。

■ 自分の連絡先を必ず知らせる

OBとのアポイントメントが取れたとしても，相手は忙しいものと考えて，キャンセルされることも予想しておく。「当日，もしご都合がつかないようでしたら○○（電話番号）までご連絡下さい」という具合に，自分の電話番号を知らせればよい。

■ 最後の確認とお礼を忘れない

そして最後に，「○月○日○曜日の○時に，△△（場所）ですね。よろしくお願いいたします」と，確認と挨拶を忘れないようにする。

■ 約束のキャンセルは迅速に連絡する

約束の日時に近づけば近づくほど，キャンセルは失礼となる。したがって，都合が悪くなりキャンセルせざるをえないことが判明したら，即座に電話をしなければならない。

■ OBが在職していない場合には，人事部で紹介してもらう

「私，○○高専○年の○○（姓）と申しますが，現在就職活動中で企業研究をしております。私の先輩で御社に入社した者がおりませんので，どなたかお話をうかがえる方を紹介していただけないでしょうか」と切り出せばよい。

(2) 訪問当日

■ 約束の時間の10分前には約束の場所に着くようにする

時間厳守は社会人にとって当然のことであり，約束の時間に遅刻するなど論外である。10分前行動は余裕を生み，相手に好印象を与えるのである。

■ 好印象を与えるための挨拶のマナーを身につける

相手方に良い印象を与えるために重要なことは，明るい表情，魅力的な笑顔，はきはきとした大きな声，礼儀正しい言葉づかい，誠実な態度，熱意と落ち着きの感じられる視線，良い姿勢などと言われている。

このことは，会社説明会であろうが，面接であろうが，OB訪問であろうが変わらない。本講の「面接時のマナー」を参照すること。

(3) 訪問後

■ 訪問後は速達で礼状を出す

OBがリクルーターである場合，人事部へ礼状の有無を報告するようになっている場合が多い。そこで，報告書の提出に間に合うよう「速達で」礼状を出すことが重要となる。

その内容は，お礼，自分の入社動機，入社の意思がますます強固となったことを中心に，面談中のメモを参考にして印象に残ったことを具体的に書いていけばよい。

就職に関するマナーについては，本講に挙げたのはほんの一部であって，これ以外にもたくさんある。「こういう場合にはどうしたらよいのだろう」とわからなくなったら，下記の文献などを自分で調べることが重要である。

中谷彰宏『面接の達人 バイブル版』ダイヤモンド社
就職試験情報研究会『就職活動 マナー＆エチケット』一ツ橋書店
鈴木真理子『就活から役に立つ 新社会人のためのビジネスメールの書き方』SMBCコンサルティング
平野友朗『さすが！と言われるビジネスマナー 完全版』高橋書店

商船学科がある高専はクラブ活動も活発です

商船学科がある高専では，日常の勉学に重点を置いて学生指導を行っているが，中学校や高等学校同様，課外活動にも力を注いでいる。顧問教員や監督の助言・指導のもと，各部とも熱心に練習している。学生たちが主体的に活動を計画・推進しているところも高専の特長であろう。

運動部は，高等専門学校体育大会をはじめ，高等学校総合体育大会（高校総体）など，各種の大会で優秀な成績を残しており，インターハイやインカレなど全国的に活躍する選手も輩出してきた。ヨット部や漕艇（カッター）部といったマリンスポーツの部活動があるのも商船学科がある高専ならではといえるだろう。文化系の部活動では，テレビ放送で全国的に知名度のあるロボットコンテスト（ロボコン）に参加し，全国レベルの成果を挙げてきたことが特筆できる。吹奏楽コンクールやアンサンブルコンテストに出場し，優秀な成績を収めるようにもなってきた。学生たちの趣味・関心に応じた，各種同好会もある。

さまざまな活動を通して，人間として成長するための契機や経験を数多く獲得できるところにクラブ活動の良さがある。高専のクラブ活動は「幅広い異年齢集団」で行われる。所属学科を越えた，生涯にわたって続く師弟・友人関係が形成される場でもある。実社会への適応力や「粘り強さ」も養われ，生活に「うるおい」と「張り合い」がもたらされる。

多くの学生が，“Aim High”の精神で積極的にクラブ活動に取り組み，楽しんでもらうことを心から願っている。

富山高専吹奏楽部

広島商船高専漕艇部

弓削商船高専テニス部

クラブ・同好会活動（2017 年度現在）

	富山	鳥羽	弓削	広島	大島
ヨット	○	○	○		○
漕艇（カッター）	○	○	○	○	○
陸上	○	○	○	○	○
野球	○	○	○	○	○
サッカー	○	○	○	○	○
ラグビー	○	○	○	○	○
バレーボール（男子）	○	○	○		○
バレーボール（女子）	○	○	○	○	○
バスケットボール（男子）	○	○	○	○	○
バスケットボール（女子）	○	○	○	○	○
卓球	○	○	○	○	○
硬式テニス	○		○	○	
ソフトテニス	○	○	○	○	○
バドミントン	○	○	○	○	○
水泳	○	○	○	○	○
柔道	○	○	○	○	○
剣道	○	○	○	○	○
空手道		○	○		○
弓道	○		○		
少林寺拳法		○			○
フリースタイルダンス	○				
ハンドボール	○				
文芸	○	○		○	
英会話		○	○	○	○
新聞	○				
詩吟					○
吹奏楽	○	○	○		○
軽音楽	○		○	○	○
美術	○		○		○
写真	○	○		○	○
書道	○		○	○	
茶道	○		○		○
囲碁・将棋	○		○	○	
天文・気象			○		○
園芸					○
無線			○		
コンピュータ・IT	○		○		○
ロボット研究・ものつくり	○	○	○	○	○
ソーラーボート			○		
ボランティア	○				
アントレプレナー研究	○				
航海学・機関学・海友会	○			○	
デジタルメディア創作・3D・イラスト	○		○	○	
ピアノ	○				
鉄道	○				
メカニック	○				
国際交流ゼミ	○				
日本舞踊	○				
海王丸	○				
化学実験			○		
数学			○		
家庭科				○	
和太鼓					○

第20講 就職活動に必要な文章表現

岩城裕之

ここでは，就職活動の際に必要となる3種類の文書について，基本的に知っておくべき内容をまとめた。

まず，手紙の書き方である。インターンシップから始まり，内定のお礼まで，何度か手紙を書く機会があるだろう。次に，実際の就職活動時に提出することになる履歴書と自己PR(志望動機のこともある)。この3つは最低でもマスターしておこう。

1　お礼の手紙を書く

たとえば，会社見学の先輩訪問のとき，資料請求のとき，あるいは採用の内定通知をもらったときなど，手紙を書く必要がある。

3，4年生	インターンシップの依頼，お礼
4年生	就職活動での先輩訪問の依頼，お礼
5年生	内定通知をもらった後のお礼

手紙は作文などと違い，「型」を知っておけばすぐに書けるようになる。まずは苦手意識をなくして，「型」を覚えよう。

とくに，今後の人間関係を考えると，お礼の手紙は重要であるから，ここではお礼の手紙の例をあげることにする。

(1) 手紙の「型」

次にあげるのは，お礼の手紙の例である。

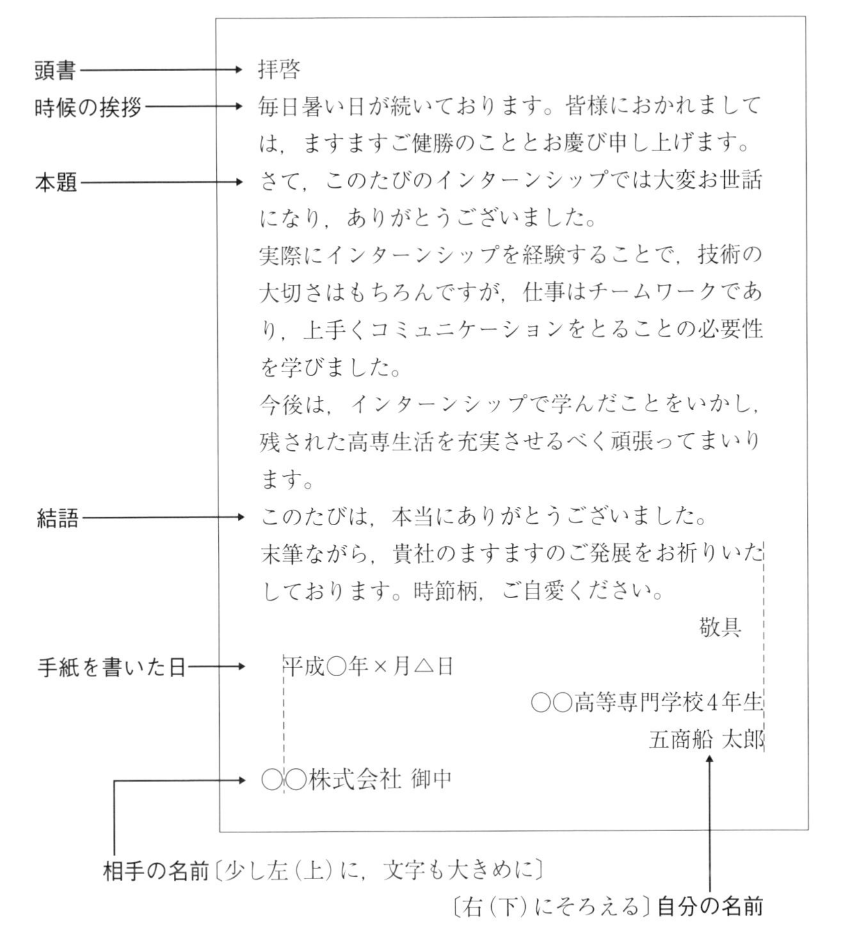

拝啓

毎日暑い日が続いております。皆様におかれましては，ますますご健勝のこととお慶び申し上げます。

さて，このたびのインターンシップでは大変お世話になり，ありがとうございました。

実際にインターンシップを経験することで，技術の大切さはもちろんですが，仕事はチームワークであり，上手くコミュニケーションをとることの必要性を学びました。

今後は，インターンシップで学んだことをいかし，残された高専生活を充実させるべく頑張ってまいります。

このたびは，本当にありがとうございました。

末筆ながら，貴社のますますのご発展をお祈りいたしております。時節柄，ご自愛ください。

敬具

平成○年×月△日

○○高等専門学校4年生

五商船 太郎

○○株式会社 御中

この「型」は，誰かに会ったときの行動にたとえるとわかりやすいだろう。

頭書	相手に気づいてする「おじぎ」
時候の挨拶	「最近どう？」という挨拶
本題	話の本題，おしゃべり
結語	「じゃあ」と言ったあとの挨拶

まずは，失礼のないように，この「型」を覚えておくことが重要である。

また，手紙を書いた年月日，自分の名前，相手の名前を書く位置とレイアウトをチェックしておこう。

(2) 封筒の書きかた

レイアウトと切手を貼る位置，相手の名前の後につける「様」「御中」の使い分けに注意しよう。

■ **縦書きの場合**

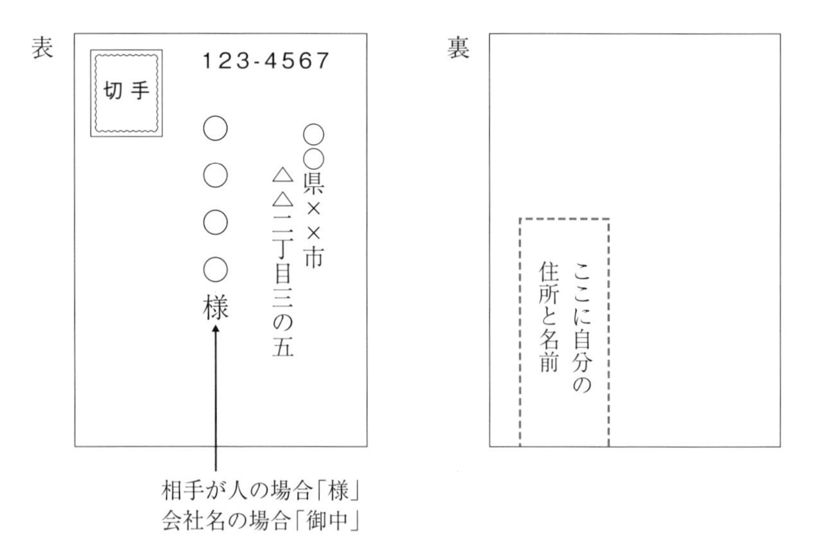

相手が人の場合「様」
会社名の場合「御中」

■ **横書きの場合**

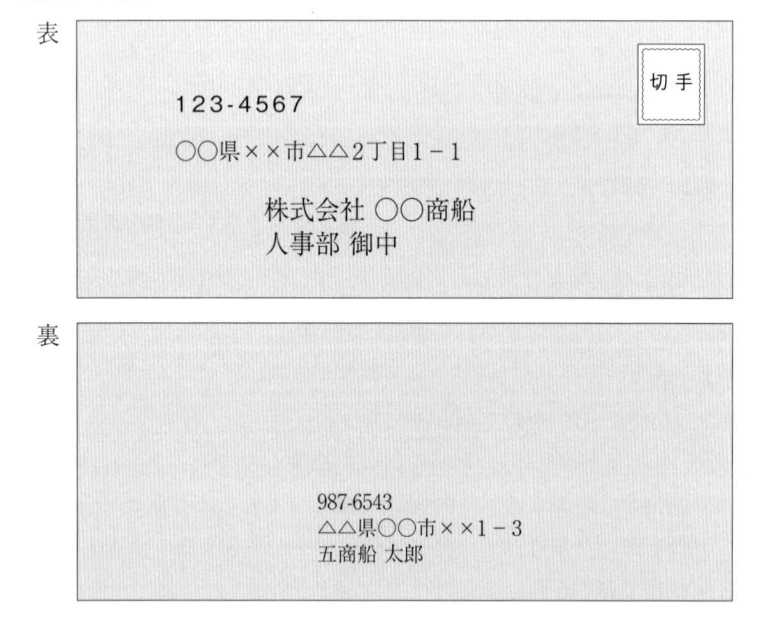

(3) 手紙の文例―何を書いたらよいのかイメージしよう

（　）の中に，あてはまる内容を入れていこう。

拝啓
（　時候の挨拶　）皆様におかれましては，ますますご健勝のこととお慶び申し上げます。
↑ここに入れる

しだいに暖かくなり，新緑が美しい季節になりました。	〔春～夏〕
毎日暑い日が続いております。	〔夏〕
朝晩，少しずつ涼しさを感じる頃となりました。	〔夏～秋〕
毎日寒い日が続いております。	〔冬〕

★このように，気温をネタにすると書きやすい。

さて，私は，○○高等専門学校商船学科航海コースの五商船太郎と申す者です。このたびは，（　本題を一言で　）
↑ここに入れる

＊インターンシップのお礼の場合
インターンシップではお世話になり，ありがとうございました。たいへん良い勉強になり，感謝しております。
＊内定のお礼の場合
内定通知をいただき，ありがとうございました。本当にうれしく，感謝しております。

（　感想を書く＋前向きの姿勢をアピールしよう　）
↑ここに入れる ★とくに重要！

＊インターンシップのお礼の場合
今回の体験を通じ，○○○の大切さを学ぶことができました。将来，貴社で働きたいという思いも強くなりました。残された高専生活を充実させるべく，頑張っていきたいと思っております。
★せっかくのインターンシップ。何を自分は学び取ったのかをきちんと伝えることが重要。それが，お礼の意味になる。インターンシップをもう一度振り返ろう。
＊内定のお礼の場合
内定をいただいたことで，これから出発する航海実習では，精一杯頑張りたいと思っております。貴社の役に立つ人材になるべく，努力してまいります。
★単なるお礼ではなく，自分がこれから何を頑張っていくのかということを考え，アピールしよう。

このたびは，本当にありがとうございました。
末筆ながら，貴社のますますのご発展をお祈りいたしております。
時節柄，どうぞご自愛ください。

敬具
↑チェック！
拝啓から始めて敬具で終わる

これが，簡単な流れである。最低限，このような内容が書いてあればよい。

2　履歴書を書く

日本の履歴書の場合，書きかたに決まりがあるので，「そのルールを知っているか」「きちんと守れるか」が問われていると考えてもよい。

では，履歴書の書きかたを見てみよう。

まずは，黒のインクペン（ゲルボールペンのようなインクのペン）を準備する。普通のボールペンや，消しゴムで消えるような筆記用具（鉛筆やシャープペンシル）は絶対厳禁。

また，書き間違えたとしても修正液で消すことも厳禁。最後まで集中力を持って書けるか，ということも試されていると考えよう。

準備できたら，いよいよ本番である。

まずは，名前や住所の部分から。

「ふりがな」の場合→ひらがなで
「フリガナ」の場合→カタカナで

郵送する場合→投函する日
直接持参する場合→持参する日

履歴書　　平成30年6月1日 現在

ふりがな　ごしょうせん　たろう 氏　名　五商船　太郎		性別 男　女
生年月日	平成10年4月15日（満20歳）	
ふりがな　とやまけんいみずしえびえねりや1－2 現住所	富山県射水市海老江練合1－2	電話番号 (0766) 86-××××
その他の連絡先	＊現住所以外に連絡がほしい場合はここに	電話番号 (　　)　-
メールアドレス	gosyosen@nc-toyama.ac.jp	

メールアドレスは書くようにしよう。
ただし，携帯電話のメールアドレスは不可！
学校などで取得したもののほうがよい。
（就職活動中は，毎日のメール確認を忘れずに）

次に，学歴・職歴の部分を書く。商船系高専の場合，学科やコース名まできちんと書くようにしよう。

	学職・職歴
	学　歴　　←1行目に「学歴」と書く
平成○年3月	○○市立××小学校 卒業　←義務教育は卒業年度のみ
平成○年3月	○○市立××中学校 卒業
平成○年4月	国立富山高等専門学校 商船学科 航海コース 入学
平成○年9月	国立富山高等専門学校 商船学科 航海コース 卒業見込
	職　歴　　←続けて「職歴」と書く
	な　し　←正社員として勤務した職歴なので「なし」
	ここから後は空欄という意味で「以上」→　以上

免許や資格を書く欄もある。ここは，取得した順序（古い順）に書いてもよいが，就職先によっては，就職してから使う可能性が高いものから順番に書いてもよい。たとえば，海技関係の免許の場合，使う可能性が高いので，はじめに書いておくとアピールになる。

免許・資格	
平成○年△月	1級小型船舶操縦士免許 取得
平成○年△月	普通自動車第1種免許 取得

その他，趣味や特技を書く欄がある。

趣味：賭け事につながるような趣味（たとえばパチンコ，麻雀など）は避けよう。また，趣味でもないことをむりやり書くのも良くない。読書はあまりしないのに趣味に読書と書いてしまった場合，面接で「最近読んだ本は？」などと聞かれたとき困ってしまうからだ。

特技：語学やスポーツなどで取得した級や段位などが望ましい。まだない場合は，就職活動までに何かチャレンジしよう。

3　自己PRの書きかた

(1) なぜ自己PRが必要なのか？

面接という限られた時間の中では，「自分がどういう人間か」を知ってもらうことは難しい。そこで，あらかじめ，「自分はこういう人間だ」ということを文章にまとめ，あらかじめ読んでもらう必要がある。

「高専で何をがんばりましたか？」という質問に対する答えも，自己PRと同じことである。

(2) 自己PRで書くべき内容

■ **履歴書でわかるようなことは，自己PRしない**

履歴書は別に提出してあるので，そこでわかることを書いても何のプラスにもならない。履歴書ではわからないことを書こう。

■ **自分の人柄をわかってもらえる内容をまとめる**

たとえば部活で頑張った場合。履歴書や調査書で，部長をつとめたことや，大会で入賞したことは書けるはず。そこで，自己PRで書くべきことは，部活で頑張ったことによって「自分が何を学んだか」ということである。大会で入賞するために，練習を通して何を学んだのか（忍耐力の大切さ？ チームワークの大切さ？）を書くべきである。

■ **体験談がなければ説得力はない**

話に説得力を持たせるためには，体験談が重要。日常の出来事を具体的に書き，そこから何を学んだ，というスタイルで文章を組み立てよう。

(3) 自己PR，こうやって組み立てる―水戸黄門が手本！？

〔第1段落〕 私の自己PR ポイントは，（　　　　）である。

↑

たとえば **リーダー性　協調性　忍耐力** など。

〔第2段落〕 私がこのように考えるのは，次のような体験をしたからだ。
（この部分に，体験談を。要素は①〜③の３つ）

↑

①いつ，どこで
高専での５年間，私はカッター部に所属していた。
４年生のときは部長をつとめた。

②ピンチにあって，そのときどうした
しかし，秋の重要な大会を前に，部員がまとまらなくなってしまい，大会に出場することも難しくなってしまった。
そのとき，私は，話し合うことが大切だと考え，毎日遅くまで話し合い，また，中立の立場で後輩の話を聞くように努力した。
★ここが重要。どんな工夫をしたのかを書く。
自分の頭で判断し，考えたことをアピール。

③そしてどうなった
その結果，時間はかかったものの，無事に大会に出場できた。
結果は惜しくも３位ではあったが，部員はまとまり最高のメンバーとなった。
★①〜③の流れは，「水戸黄門」などのドラマと同じ。ピンチがあって，解決する。この展開が，一般的には「わかりやすい」し，安心して読める。

〔第3段落〕 この体験を通じ，私には○○○が身についた。
貴社に入社後もこの経験を生かし，（　　　　）になりたい。

↑

自己PR の内容にあうような仕事人をイメージしよう。
たとえば **信頼される船長** など。

商船学科がある高専はここにあります

先輩からのメッセージ

経験に勝る知識なし

城戸 裕晶（きど ひろあき）

鹿児島県出身・1991年10月生まれ
大島商船高等専門学校 商船学科 航海コース卒（2012年）
同校 専攻科 海洋交通システム学専攻修了（2014年）
旭海運株式会社 営業グループ 運航チーム（二等航海士）

商船高専に入学してからちょうど10年が経過したこの節目の時期に本書の執筆依頼を受け，少しずつ10年間の記憶を呼び起こして筆を進めています。10年前，商船高専の存在を知ったのは高校受験を間近に控えていた中学3年生の冬休み中の進路に関する三者面談が終わった後だったと覚えています。元々，船員である父親から船員になることを反対されていたこともあり，周りの同級生と同じように県内の普通高校に進学を希望しているなか，三者面談終了後「自分はこのままなんとなく周りと同じように普通高校に行ってもいいのか」と自問自答し，それまで父親を含め比較的船関係の方々と接していたこともあり，改めて船員という仕事に就きたいと強く決心した次第です。しかし，それまで普通高校しか進学を希望していなかったこともあり，改めて船員になる学校を探して，県外にある九州の海上技術学校に受験校を変更。当時の担任から渋い顔をされましたが，もっと渋い顔をしていた父親が一緒に乗船していた船の船長が大島商船高等専門学校卒ということもあり，商船高専という学校を初めて知ることになりました。当時，私が在学していた鹿児島の中学校には山口県にある大島商船高等専門学校の資料がなく，また三者面談後の受験校の再三の変更ということもあり，担任から長時間の説教と時期的に受験校の最終変更という後には引けない状況となり，とくに学校説明はおろか学校のことをまったくといっていいほど知らないなか，自分自身が後悔を絶対にしないという条件で2か月後には大島商船高等専門学校を受験し無事に合格しました。結果，それから7年半という小学校より長い期間お世話になることになりました。

平成19年4月に商船学科に入学し，座学課程4年半および1年の大型船乗船実習を含む5年半の修業年限がスタートしました。2か月前には想像すらしていなかった寮生活をすることとなり，上は20歳の5年生から中学校卒業直後の

15歳までの約100名の寮生が同じ建物で団体生活を行い，寮内での一般的な規律の他，下級生のみに課せられる厳しい規律のなかでも限られた娯楽や時間をムダなく有効活用する知恵が，後の大型船乗船実習や現在の社船での船内生活に活かせていると思います。また寮での厳しい規律の他に当時の校内練習船実習もとても厳しく，いまとなっては度胸と根性が身についたと思います。

在学中は実習や専門の勉強を通じて海技士の資格取得の勉強に勤しみました。その他に商船学科4年の春休みには短期の交換留学制度を利用し，シンガポールのSingapore Maritime Academy（SMA）への訪問とクルーズ客船に乗船する機会がありました。SMAは，シンガポール教育省管轄下の法定機関であるSingapore Polytechnicの一部としてあり，Navigation Course，Marine Engineer Course，Shipping Business Courseと日本の商船高専とよく似た学科構成となっています。しかし，商船高専を含む日本の海事教育機関とは大きく異なり練習船を保有していないため，操船シミュレーターや機関シミュレーターなどの練習船実習を補う実践に即した設備が充実していました。また，SMAでは2年次から1年間，内定した海運会社の社船で実習を行い，3・4年次で資格試験勉強を行うという日本と異なった制度や，クルーズ客船の一部のフロアを貸し切り，同じ時期に短期の交換留学を行っている他校を招待し，Maritime Experiential Learning Camp（MEL Camp）という船内で外国船社の船長経験者や冒険家を講師として招待して勉強を行う研修を実施していました。このMEL Campに参加したシンガポール，日本，インド，中国の海事教育機関の学生と交流することができ，競争相手は日本国内のみならず世界各国にいるのだと実感しました。また，この経験により，視野を大きく広げることができ，外航船員になる基礎になったのではないかと思います。

平成23年10月からの1年間の乗船実習では，当時の航海訓練所の帆船日本丸やタービン船の大成丸，汽船の青雲丸で日本沿岸を，引き続き帆船日本丸では遠洋航海としてハワイへ行き，商船高専で学んだ知識や技術の集大成となったのではないかと思います。

平成24年9月に乗船実習を修了し，入学当初は長いと思っていた5年半の商船学科（本科）を卒業した私は，本科ではできないようなことにチャレンジしたい気持ちから，そのまま専攻科へ進学し，専攻科では講義より研究がメインの2年間を過ごしました。研究で日本各地を飛び回り，さらに広げた見聞がいまの業務につながっていることを実感しています。

平成26年9月に専攻科を修了し，大島商船高等専門学校での2度目の卒業を果たしました。この本科や専攻科在学中また乗船実習中の7年半の間に何度も，事あるごとに，卒業後は船員として絶対に就職しないと心に決めておりましたが，その感情も喉元過ぎれば熱さを忘れる如き，やはり船員として就職したい気持ちが勝ち，船会社に船乗りとして勤めることになりました。

平成26年10月に運良く希望していた外航海運会社である旭海運株式会社に航海士として入社できた私は，翌11月に早速，次席三等航海士として豪州航路の石炭運搬船に乗船しました。初めて航海士として乗船した船の船長が母校の卒業生であり，暖かく，時には厳しく接してくださり，航海士としてはもちろん，社会人としての大切な教えを胸に刻ませてもらいました。また乗船中に母校の卒業生である水先案内人が嚮導される場面にも遭遇し，母校の先輩方の活躍ぶりを実感しました。

親船にて

現在の外航船員の仕事内容としては，船上業務に対する要求，船長・機関長以下航海士・機関士に至るまで誰もが書類作成に追われている現実は如何ともし難く，SOLAS条約などの国際ルールへの対応や，とくに船長は昼夜問わずトラブル発生時の船・会社間の情報共有を衛星回線経由の電話や電子メールにて頻繁に行っていました。

Pilot on board by helicopter

私自身も乗船中は例外なく書類作成に追われ，三等航海士の担当職務の消火・救命設備の月例・週例点検を行い，世界一厳しいと言われるオーストラリアのポートステートコントロールの臨検を何度も経験し，学校では教えてくれない外航船員の厳しさ実感しました。厳しいことばかりではなく，航海士として輻輳海域の操船を任されている責任の重さと，出入港配置では船橋で船長や水先案内人の補佐を的確に行い終えたときの安堵感に，非常にやりがいを感じました。また，三等航海士の職務はもちろんのこと，さらに上の職務である二等航海士や一等航海士の勉強を行い，海図の改補やバラストタンクの内検などを経験し，まだまだ自分の知らない船のことを知った分だけ船上での仕事はどんどん面白くなるなと思いました。

オーストラリア入港

今回で，船長・機関長以下フィリピン人船員全乗の社船に日本人1人，3度目の三等航海士として乗船を果たしました。以前からフィリピン人船員全乗の船舶に乗船したかった希望があり，不安と期待の中，乗船しました。乗船直前に本船の着岸を眺めていると，偶然，前船で一緒に乗っていたクルーが乗船しており，今回は当直のパートナーだったので，見張りをしながら前船での思い出などを語ったりしていました。国籍こそ日本とフィリピンと異なりますが，船上に国境はなく，みんなが一体となり，安全かつトラブルのない迅速な航海を目指し，「同じ釜の飯を食べる仲間」という連帯意識の重要性を胸に刻み，数少ない日本人航海士として微力ではありますが貢献できるように精進していきたいと思いました。今の時代，日本人が航海士・機関士として外航船に乗る機会が少なくなっているとよく耳にします。また，外地の港へ寄港の際には，その地の水先案内人や代理店職員などが，日本人を久しぶりに見たとよく話をされています。実際，国際VHF無線電話の交信でよく耳にするのはフィリピン人・インド人・中国人・ギリシャ人が話す訛りのある英語です。世界規模の船員業界の厳しい競争を目の当たりにし，外航日本人船員がまれな状況を改めて実感しました。

日本人航海士１人で乗船中

3年間の海上勤務のあと，最近の船乗りの宿命である陸上勤務の日々が始まることとなりました。フィリピン人船員全乗の船舶の乗船を最後に海上勤務から離れ，現在は南十字星の代わりにイルミネーション瞬(またた)くビルの樹林が生い茂るサラリーマンの聖地にて，営業グループ運航チーム員として日々の業務に勤しんでいます。

運航チームでオペレーターとして社船や用船を含む数隻の運航を担当，いわゆるオペレーション業務を行っています。「オペレーション」と一言で言っても，石炭の荷揚げや荷卸しに関わるスケジュール調整，代理店や本船船長への細かな連絡，補油の手配，諸経費の管理，本船の安全な航海の確認など，運航に関するすべての手続きを行っています。

船乗りが運んで来た石炭というのは，荷主である鉄鋼メーカー殿や電力会社殿と現地石炭出荷主（シッパー）殿の協議により，私たち海運会社が船を調達することで積み出し港から日本まで運んできており，日本側では商社の方々や現地の代理店やフォアマンの方々など，本船で運んで来た石炭を荷卸しするためのすべての過程において多くの方々が携わり，また多くの時間を費やしていることを，この陸上勤務で実感しました。その過程のなかで私の担当であるオペレーションの仕事の重要性を再認識しました。

訪船業務

また，主に電話やメールによる本船の船長や代理店の方々と顔の見えないやり取りが多いこの業務は，信頼関係を築いていくことが難しいため，数少ない出張や実際に船を訪れる訪船業務を通じて，Face to Faceで，仕事の話だけではなくさまざまな話を通じて信頼関係を深めることを心掛けています。とくに日本人船長が乗船している船は少なく，ほとんどがフィリピン人船長，時々インド人船長が乗船している船もあり，航海士として海上勤務に就いている頃にはまったく知らなかったオペレーションという仕事は，航海士と同じく経験を積めば積むほど奥深さを感じ，常に何かを学び成長していけるよう意識して日々の業務に取り組みたいと思います。

最後に今回の執筆を通じて10年間を振り返る機会となり，この10年間でいちばん何を学んできたのか，それは自分が決めたことを後悔せずに最後までやり切ったことを含め，“Experience without learning is better than learning without experience.”（経験に勝る知識なし）。これからも，さまざまな経験を通じて自分自身を成長させていきたいと思います。

難しい道をやさしい心で通る

横田 実保（よこた みほ）

山口県出身・1993年6月生まれ
大島商船高等専門学校 商船学科 機関コース卒（2014年）
宇部興産海運株式会社 三等機関士

こんにちは。はじめまして。横田実保と申します。

現在，宇部興産海運株式会社の船員（三等機関士）として働かせていただいております。船の学校を卒業して海運関係の会社に就職し，船員として船で働いている一人の人間として，ここに記すものが何かの役に立てればいいかなと思っています。

■ 大島商船高専入学志望動機

私は平成21年に大島商船高等専門学校商船学科機関コースに入学しました。

この学校を志望した理由は，「手堅い職業でなおかつ珍しい専門職に就職したかった」からです。高校を卒業後，必ず就職して家計を助けたいと思っていました。したがって，中学校の進路用コルクボードに掲示されていた「大島商船（商船学科）就職率ほぼ100％」の張り紙が他の一般高校よりも印象深かったのです。「大島商船高専なら良い会社に就職できるかもしれない」という気持ちで，まずオープンキャンパスに参加してみました。

オープンキャンパスで学校概要の説明を受けた後，商船学科の各実験室を見学しました。そのなかで，なぜか内燃機関の実験室が心に残ったので，両親と相談し，商船学科の機関コースを受験することにしました。

無事試験に合格したときは，家族みんなで喜んでくれたのでとてもうれしかったです。

■ 高専入学後

学校に入学後，小松寮と学校を行き来する毎日でした。

昼間は男子校で夕方から朝方にかけては女子高な感じで，なかなか面白く楽しい学校生活でした。高専3年までは部活動（カッター部）に力を入れて一生懸命頑張りました。

商船学科特有の科目や実習はどちらかといえば苦手なほうでした。とくに練習船大島丸での実習は，覚えられなくて，わからないことばっかりで，なかなか慣れなかったです。

初めての大島丸乗船実習のときには，機関コース関係の教官から「なぜ前日に予習をしに来なかったんだ」と，同級生みんなで怒られたことを今でも覚えています。

船のプロペラを動かすエンジン（主機関）は，運転する前に「暖機」といって，エンジン内部を暖める作業をしなければなりません。その暖機の予習をしていなかったため，怒られました。初めてのことで，暖機を知らなかったのもあって，怒られたときは衝撃的でした。いろいろな意味で，この学校はなかなかすごいところだぞと思いました。

大島丸でのエンジン関係の実習は主に，暖機・冷機，出入港時の操作，各機器配置調査，M0（エムゼロ）チェック，各諸管系統図調査（配管調査）などがあり，ほとんどが苦手でした。とくに暖機・冷機と出入港作業は手順を覚えられなくてよく怒られていました。

ポンプとは何か，モーターとは何かなど，各機器のことについてよくわからないまま操作するので，とにかく要領手順を小さい紙に書いて，教官に見つからないように注意しながら実習に臨んでいました。高専3年までは不真面目な学生だったと思います。

■ 高専3年次

高専3年次の大島丸実習時のことです。入港作業で機関制御室配置の際に私は大きな操作ミスをしてしまい，それまでの実習のなかでいちばん怒られました。いつもは怒られてもあまり気にすることはなかったのですが，このときはとても落ち込みました。また，その実習の1週間後に，機関コースのみ暖機・冷機のテストを行うとのことで，大いにこの1週間は悩みました。

本当に苦手だったので，どうしようかと考えて，思いついたのがテストまで大島丸に通うということでした。授業が終わったら，とにかく大島丸に足を運んで暖機と冷機の手順を何回も反復して覚える努力をしました。無事テストは合格し，この頃くらいから苦手な科目や実習にも少しずつ興味を抱くようになり，暖冷機テストが終わった後も事あるごとに大島丸に通うようになりました。

ただ，苦手を克服することはなく，大島丸で毎回友達と一緒に怒られていました。たとえば，2台のポンプを運転する際に，友達と同時に始動ボタンを押して，「2台同時に回すな！」と怒られたり，「1号発電機の運転状態を見てこい」と教官から指示されたので，友達と見に行こうとして，間違えて2号の発電機を見に行ってしまい，それを教官に見つかって怒られたりと，なかなか面白かったです。

ポンプを回すためにモーターを運転しますが，モーターの始動直後に始動電流という大きな電流が流れます。場合によっては発電機にも影響が出るため，教官が「同時に回すな！」と注意をしてくれたのです。このような失敗は学校で人より多くしているかもしれません。

■ 就職活動

高専4年次から少しずつ専門分野の勉強に加えて就職活動の準備も行っていきました。インターンシップや就職説明会に参加して，いろいろな企業を調べたりしましたが，具体的に何がしたいかはとくに定まっておらず，「エンジンに関われたら何でもいい」と5年次に上がってから思うようになり，まず先に海運関係企業の採用試験を2社だけ受けて，落ちたら陸上の企業の採用試験を受けようと，就職担当の教官と相談して決めました。

1社目の採用試験は見事に落ちて，2社目に宇部興産海運株式会社の採用試験を受けました。ご縁があって今日に至りますが，もし，就職活動をしていくうえで，陸上の企業だけ受けるといったような偏った考え方をしていたら，いまの私はなかったのかもしれないなと深々と思います。

■ 就職後

学校を無事卒業して就職後は，はじめに約1週間の研修を受けてから，セメント運搬船「興山丸」に半年ほど乗船しました。

初めてのことで，これまたわからないことばっかりでした。先輩方からいろいろと教わりながら仕事をする毎日でした。自分が女であるがゆえに，周りの方々にたくさん迷惑をかけてしまい，申し訳ないと思うことが増えて，よく悩み，よく落ち込み，なかなかなじめなかった乗船生活だったと思います。

ですが不思議と，辞めたいと思うことはありませんでした。その頃の私には，気持ちが一生懸命すぎて，辞めるという選択肢がなかったのかもしれません。

■ 最後に

現在，入社3年目に入ります。今日まで主に「M0船」に乗らせていただきました。いろいろなことがありましたが，気持ちは入社当初と変わっていません。中学生のときの将来の夢は船乗りではありませんでしたが，なぜかいま船に乗っています。乗船してエンジンや各機器のお世話をしているときに不思議だなとよく思います。ただ，最近エンジンをよく観察していくなかで，小さな変化を見つけることが多々あり，一人で作業することも増え，まるで友達のように各機器に接する自身がいて，この状態が心地いいなと素直に感じています。

苦手なことは変わりありません。重い物は一人では持てませんし，男性と比べたら，私は明らかに力不足であることもよく理解しています。賢いわけでもありません。3年目になっても，上司にたくさんご迷惑をおかけする毎日です。しかし，機関室内で女である私にしかできないことが何かあると信じて，日々作業に取りかかっています。おそらくそれは，女性だけが持っている「直感」であったり，やさしい「心配り」であったりして，目には見えないものなのかもしれません。その目に見えない，かたちにはあらわせないものほど大切なのではないかとつくづく思うようになりました。

少人数でなおかつ限られた時間のなかで各機器の整備を行い，

トラブルが発生したら即座に対処して，エンジントラブルによる運航遅延がでないように常に気をつけることは，とても大変なことであり，やりがいのある仕事であると思います。ときには予期していなかった事態が生じたりもします。そのなかで，いかにエンジンに向き合い，心をかけることが，この職業を続けていく秘訣なのかもしれません。

ディーゼル機関を初めて見たときはほんの少ししか心に残っていませんでしたが，いま自身の心のほとんどを占めているものはエンジンに関わるものといっても過言ではありません。これから先，さまざまな問題に直面していくと考えられますが，もし選択肢が2つあって，どちらか一方を選択しないといけない場面に遭遇したときは，迷わず苦手な難しい道を選んで，腕利きのエンジニアになるべく，精進してまいりたいと思います。

全日本船舶職員協会（全船協）の歴史と活動

明治から昭和の初期にかけ，地方商船学校の乗船実習は，学校所属の総トン数200～300トン程度の木造帆船練習船や「一杯船主」の横帆船で行っていました。しかし，荒天による悲惨な遭難事故が絶えず，犠牲者が相次ぎました。1927年3月，鹿児島商船学校の練習帆船霧島丸が遭難・全員行方不明となる事件をきっかけとして，函館，富山，鳥羽，児島，島根，粟島，弓削，広島，大島，佐賀，鹿児島の計11の地方商船学校出身者が，大型帆船練習船建造を求め運動を始めました。この運動は，1930年，練習帆船日本丸，海王丸の建造に結実しました。

この成果を踏まえ，1930年4月11日「全国商船学校十一（といち）会」を結成し，地方商船学校出身者に対する海技試験制度上の不利益，昇進における差別待遇，危険な乗船実習体制などの改善をめざして，熱心な運動を展開してきました。戦争で活動を休止せざるを得ませんでしたが，1951年8月に再建し，翌1952年10月9日，社団法人となりました。1964年12月1日には，海員学校出身者，水産学校（高校）出身者，また，船舶職員養成学校を経ずに船舶職員となった方々が加盟していた大洋同志会と合同，規模を拡大しました。

1969年9月1日，さらなる発展を期して，学歴，海技士免許の種類，職種を問わず，全船舶職員を対象とする組織としてありかたを大きく見直し，社団法人全日本船舶職員協会（全船協）と名称を変更しました。近年の活動で特筆すべき事柄としては，国土交通大臣の許可を得て，内航・近海部門（コースタル部門）の乗船研修制度を開始したこと（2004年9月），無料の船員職業紹介事業を開始したこと（2007年8月）が挙げられます。

全船協は，海事に関する学術研究，商船教育の振興，船舶職員の福利向上などを目的とする組織です。日本海運のさらなる発展に寄与すべく，日夜活動を行っています。

船員への道

澤田 敬生（さわだ たかお）

広島県出身・1987年3月生まれ
広島商船高等専門学校 機関コース卒（2007年）
株式会社商船三井 二等機関士
株式会社MOLエンジニアリング システム・就航解析部に2017年8月より出向中

商船高専を卒業して10年経ちました。商船高専で過ごした時間はとても色濃く，昨日の出来事のように感じることがあります。商船学校で学んだ5年，そして外航船員として過ごした10年を振り返り，船の仕事，海での仕事を目指して商船学校で勉強を頑張っている学生さんに，私が通ってきた道を紹介したいと思います。

■ きっかけ

私の地元は広島県の東広島市，山々に囲まれた盆地で，酒蔵が多く日本酒が有名な町です。そんな海とは離れた片田舎から海に囲まれた離島，広島商船へ進むことになったのは，中学生のときに親から言われた「就職難となるから普通科校ではない手に職を持てる学校にしなさい」というアドバイスからでした。

私は2歳の頃，交通事故で父親を亡くし，母子家庭で育ちました。進学する上でなるべく親に苦労はかけたくないという思いが強く，国公立を受験しようと学校案内の資料を見ていると，「航海実習で世界を周る」という文字が目に飛び込んできました。商船高専を知るきっかけは人それぞれあると思いますが，私は中学校に置いてあった学校案内に広がる船員教育の楽しそうな風景からでした。そして入学すれば寮生活となるので，日々の生活で母親にかける負担が少しでも減るかなとも思いました。それからは，この学校に行ってみたいという思いが強くなり，その夏にオープンスクールに参加し，商船高専への気持ちを固めていきました。

船員と言えば船長さんくらいしか思いつかなかったので，受験は航海コースを選択して商船高専へ入学しました。

■ 高専時代

私の学生時代はあまり人に話せるようなものではありません。単位を落としたこともありますし，夢中で取り組んだというものが振り返っても思い浮かびません。ただただ漠然と過ごし，学校と寮との往復をしていたような気がします。

そんな学生時代を送るなかで，航海コースで船について学ぶことよりも，機関コースの友人が学んでいる内容・実習が面白く映るようになりました。もともと小さい頃から機械関係に興味があり，とくに自動車のエンジンを見るのが好きでしたので，船のエンジンに興味が移っていき，航海コースから機関コースへと転コースできる制度があることを知り，2年生のときに転コース制度を利用して機関コースへと道を変更しました。そして，このときの選択が後々外航海運会社を目指していくことにつながっていきます。

3年生から機関のことについて勉強していくなかで興味の湧いていくことが増え，自ずと成績も上がっていきました。

4年生に上がるまでは外国航路の船員になりたいという思いは強くなく，大学へ編入してどこか陸上の会社，できれば地元広島で働ければなと思っていました。4年生になると専門授業が増え，また教官や卒業生から船員生活や仕事の話を聞く機会が多くなるにつれて外航商船に興味を持つようになり，せっかく商船高専に居るのだから，会社見学，インターンシップは商船系にしようと，川崎汽船にお世話になりました。そこで見る外航商船の世界，仕事内容，そして給与。かなり魅力的に映りました。このインターンシップを通して外航商船へという気持ちがより強くなり，他の会社のお話も聞いてみたいと2006年のクリスマス，商船三井がクリスマスクルーズを行う合間に，客船日本丸で就職説明会が行われることを聞きつけ，一度は客船に乗ってみたい気持ちもあり参加しました。名古屋から神戸へのナイトクルーズでは，客船を満喫しながら，航海士や機関士さんから直接，時間を忘れて船員生活についていろんなお話を伺うことができました。そのなかでとくに印象的だったのが，機関室を見学した際の排気弁の交換作業を行っている光景です。当時まだ航海訓練所での航海実習を行っていなかった自分にとっては初めて見る大型船の機関室，作業風景。実際に見ることで大型船機関士への距離が一歩近づいた気がしました。このときの光景が忘れられず，商船三井の担当者の方に，作業風景の写真をいただいたくらい感動したのを覚えています。

年が明け，エントリーシートを出す時期になっても未だに就職か進学かを悩んでいましたが，そんな私に会社の担当者の方が「チャレンジしてみてはどうか」とお声をかけてくださり，その連絡が決め手となり外航商船を目指すことに決心しました。とはいえギリギリまで大学編入や陸上職の道にも気持ちはあったので，内定をいただいてから始めた海技士や英語の勉強では海技士としては力が足りず，未だに残る学生時代の後悔の一つです。

■ **就職して海上職へ**

入社してからは，次席三等機関士としてLNG船で船員生活を学び経験し，それから3か月間は海技士として必要なスキルを身につけるため陸上で研修の日々。初めて三等機関士として乗船したときの緊張はいまでも忘れませんし，未だに乗船するたびに緊張します。機関士としての作業は，最初は周りに大きな迷惑をかけながら，自分が成長していくのを寛大な目で見守ってもらいましたが，学校や練習船で学んだことは基礎の基礎なのだと痛感させられました。英語能力が低いのもあり，次席三等機関士で乗った最初の船では，上司にあたる二等・三等機関士のフィリピン人の後をついて回ることで精いっぱいで，何かやりたくても聞きたくても伝わらないもどかしさでいっぱいでした。

三等機関士にあがると，自分の責任で作業を進めていかなくてはならなくなります。慣れない作業をしているときは不思議なくらいに周りが見えず，とても危険な状態となってしまい，周りに助けを求めなければ無事に作業を進めることもできませんでした。ある程度回数をこなすと周りも見えてくるようになります。そうすると，しだいに仕事の楽しみも増えてきました。

入社して10年となりますが，いままでに自動車船，LNG船，原油タンカー船，鉄鉱石船，石炭船，木材チップ船など，計12隻乗船しました。

商船高専に入学したきっかけとなった「航海実習で世界を周る」は，航海訓練所の方針が変わり私のときにはハワイと上海への航海のみとなってしまいました。しかし，外航商船へ就職したことでさまざまな国に行くことができ，2016年には念願の世界一周を自動車船ですることができました。実家の洗面所にある世界地図に航海で訪れた国，地域に印をつけていくのは下船後の楽しみの一つとなっています。

LNG船の保有数の多い商船三井では，主に中東地域，アジア，豪州へ行くことが多いのですが，最近ではアメリカへの航路も出来てきています。原油タンカーも中東地域，アジア地域が多く，乗船していて楽しかったのは荷物が変わるたびにさまざまな国に行くことができる自動車船や，停泊時間の長い鉱石船，木材船でした。自動車船では欧州，アジア各国，アフリカ，豪州，米国へと航海し，何度か観光のできたドイツとベルギーで飲んだビールは最高の味でした。

船上生活の過ごし方はこの10年でかなり変わったと思います。私が入社した2007年頃，携帯電話はありましたが，日本国内に居ても通信速度が遅く，ましてや海の上や海外から使うことなんて考えられませんでしたが，携帯電話の進化は目まぐるしく進み，360°海しかない場所からでもSNSやネット電話ができるので，日本国内で生活しているのと何も変わらないように感じるまでに時代が進んできました。知り合いから，ネットがつながらないので船員生活を諦める方がいると聞いたことがありますが，それも過去の話となっているような気がします。

乗船中のオフの時間は，ネット環境が整ってきたこともあり，地元の友達や家族と連絡を取ったり，映画や休暇中に撮りためたTV番組を見たりして過ごしています。タブレット端末に電子書籍をたくさん入れているので，オフの時間で陸と違うのは外に散歩や買い物に行けるかどうかくらいで，ほとんど不自由なく過ごせています。

昔は長期乗船もあったと聞きますが，今日では長くても半年ほどで下船してしまうので，数か月おきに訪れる長期休暇が楽しみでなりません。学生を卒業したいまでも長期休暇があるのは，船員の特権ではないかと思います。

■ 陸上職に転勤

2017年夏から陸上籍となり，系列会社へ出向しています。毎日満員電車に揺られながら東京のオフィスへと通っていますが，船上で居室から機関室までエレベータを使って1分ほどで通えていたことを思うと，満員電車が億劫になってきます。そんな陸上で何をしているのかというと，船から送られてくる航海データを整理して船の状態を読み，今後の走り方の助言や入渠での船体状態の改善への一役となるように就航解析を行い，船体汚損が機関の負担となっていないか，荒天域などで機関に負荷をかけすぎていないかを航海データから読み取っています。また，船に吹き付けられたペイントが船体抵抗に対してどの程度効果があるか，ペイントの効果が落ちていないかなどについても確認を行っています。

船員は海技者と呼ばれ，船上では安全運航を，陸上ではその安全運航の支援を担い活躍する時代へと変わってきました。船に乗ることだけが海技士ではない時代です。

■ 最後に

魯迅など昔の方の言葉に，「人の前に道はない，人の後ろに道は出来る」という言葉があります。私がたどった道は，平坦なところでも勝手につまずいて，ずいぶんと凸凹な道となってしまいましたが，それでも振り返ってみれば良い思い出となっています。

海技士となれる学校を選んだ商船高専のみなさんにも，これからいろいろな道を残してもらえたらなと思います。挑戦することで起きた後悔よりも，何もしなかったことで起きた後悔はずっと引きずります。学生のうちは時間も体力もありあまっていると思うので，どんなことにも果敢に挑戦していって下さい。そして，たまには振り返って自分が残してきた道を見てみるのも良いかもしれません。

高専制度創設の背景と概要

1950年代後半，我が国の経済成長はめざましく，それを支える科学・技術のさらなる進歩に対応できる技術者養成の要望が強まっていました。こうした産業界からの要請に応えて，1962年に初めて国立高等専門学校（以下「高専」という）が設立されました。1967年には商船高専（富山，鳥羽，弓削，広島，大島）も設立され，3級海技士筆記試験免除，卒業要件としての乗船履歴を付け，3級海技士資格を卒業後すぐに取得することができるようになりました。

高専は，大学の教育システムとは異なり，社会が必要とする技術者を養成するため，中学校の卒業生を受け入れ，5年間（商船高専は5年半）の一貫教育を行う高等教育機関として，現在，全国に51校55キャンパスの国立高専があります。国立高専には，5年間の本科の後，2年間の専門教育を行う専攻科が設けられています。

高専では，幅広く豊かな人間教育を目指し，数学，英語，国語等の一般科目と専門科目をバランスよく学習しています。実験・実習を重視した専門教育を行い，大学とほぼ同程度の専門的な知識，技術が身につけられるよう工夫しているのが特徴です。とくに卒業研究では，エンジニアとして自立できるよう応用能力を養うことを目的としており，学会で発表できるような水準の高い研究も生まれています。

弓削商船から銀行員，そして船乗りへ

赤瀬 渉（あかせ わたる）

愛媛県出身・1985年4月5日生まれ
弓削商船高等専門学校 機関学科卒（2006年）
同校 専攻科 海上輸送システム工学専攻卒（2008年）
旭タンカー株式会社 三等機関士

■ 略歴

弓削商船機関学科在学中，同校に専攻科が設立された。当時，私は練習船での乗船実習前であり，進路を決める時期にありました。そこで進学することを決め，2期生として入学しました。

その頃，弓削商船では地域との連携を図っていく動きがあり，私が専攻科へ入学してすぐに，弓削商船と地元地方銀行が連携協力協定を結ぶ出来事がありました。

弓削商船へ求人があったことで，私は入行試験を受け，銀行員になりました。その後，約6年間銀行員として働き退職。現在勤めている旭タンカー株式会社へ転職し，船員となりました。

■ 弓削商船受験のきっかけ

正直なところ，私は初めから船員を目指して弓削商船を受験したわけではありませんでした。

私の住む愛媛県の伯方島は弓削商船のある弓削島から近く，船で30分程度の距離にあります。学校から近いこともあり，私の通っていた中学では弓削商船の学校説明会が3年生を対象に行われていました。当時，ニュースでは景気悪化や就職率の低下，フリーターといったような言葉が聞こえており，「弓削商船を卒業すれば，必ず何かの仕事に就ける」そんな動機で弓削商船の受験を決めた記憶があります。

また，私の兄も弓削商船へ進学しており，親戚でも叔父が卒業生で従兄弟も1人在学中でした。伯方島は船会社，造船所が多く，船がとても身近な存在で，弓削商船へ進学した方も多くいる環境であり，いま思えば，私の受験の選択肢には，最初から弓削商船が入っていたようです。

■ 弓削商船在学中

<寮生活>

私の実家は通学圏内でしたが，兄は寮に入っており，自然と私も寮に入ることになりました。寮では，それまで実家で母親がやってくれていた洗濯・掃除は自分でやる，食事は食堂で決められた時間に取る，風呂は決まった時間内に済ませる，夜は点呼があり，消灯時間を過ぎれば電気が消える生活で，実家とはまったく違う生活習慣に最初は戸惑いもありました。

こうして始まった寮生活ですが，やはり集団生活というのは慣れるまでは大変で，決まったルールのなかで生活することに最初はストレスもありました。教官・先輩から注意を受けることもあり，その生活が辛く感じることもありましたが，1か月，半年，1年と寮生活が長くなるにつれ，それが当たり前になってくる頃には，廊下を歩けばいつでも友達に会って，部屋を行き来できるこの環境が楽しく思えるようになっていました。

私は専攻科まで寮で生活していたので，通算して約7年間寮での生活を経験しましたが，集団生活を身につける面でも，決められたルールのなかで生活をするといった面でも，船の上での生活において寮生活の経験は役に立っています。これは私の個人的な感想ですが，弓削商船での学生生活を充実させる面においても，寮生活は限られた学生生活の時間の過ごし方として非常に有意義なものだったと感じています。

<学校生活>

私が学生生活のなかでいちばん力を入れていたのがクラブ活動でした。小さい頃から剣道，ソフトボール，野球など，ずっとスポーツをしていた私は，弓削商船でも何か運動部に入ろうと決めていました。

体力には自信があった私は，いちばんシンプルに自分の力が結果につながる陸上部を選びました。陸上部は弓削商船に入学してから陸上を始めた先輩が多く，初めて陸上競技をする私にも馴染みやすい環境でした。とくに1学年上の先輩は人数が多く，仲も良かったことから，その先輩に混ざって私も陸上に熱中していきました。高校総体や高専大会を目標に毎日練習し，大会で良い結果が出たときの喜びは格別で，次も，また次も良い記録をと苦しい練習に励んだことは今でもいい思い出です。

私は3年生まで8種競技という種目に取り組んでいました。競技を続けていくにつれ，少しでも良い成績を，1つでも大きな大会へ進みたいと選んだ種目でしたが，最後の高校総体での結果は県大会7位で四国大会へ進むことはできませんでした。その後，4年・5年と1600mリレーのメンバーとして全国高専大会へ出場しました。5年生のとき，私の陸上競技生活のなかで一番心に残った出来事があります。弓削商船は四国地区の高専大会1600mリレーで連覇を続けていました。私が5年生のときにその記録は途切れることになりました。最高学年として臨んだ大会のこの結果に，私は悔しくてたまりませんでした。あの悔しさは社会人になった今でも忘れられない苦い記憶です。しかし，今になっても忘れられないのは，当時それだけ真剣に取り組んでいた証なのだと思います。

4年生のときはキャプテンを務めました。当時の陸上部員たちは総じて学業の成績が優秀な方が多く，当然歴代のキャプテンも同様です。キャプテンが「再試験で練習出られません」「単位落として留年しそうです」では恥ずかしいと思い，勉強にも真面目に取り組むようになりました。おかげでキャプテンを務めて以降は順調に進級し，無事に卒業することができ，専攻科へ進学することもできました。自分の好きな陸上で苦しい練習が頑張れるのは当たり前です。しかし苦手なことでも投げ出さずに頑張れば良い結果が出ることを経験できました。当時クラブ活動を指導していただいた教官には，運動部を通して学生生活全体を成長させていただいていたのだと思います。このような経験を積ませていただいたことに感謝しています。

■ 専攻科在学中

陸上部のキャプテンを務めて以降，少し学業の成績が上向いてきた私は，弓削商船に新しく設立された専攻科へ進学しました。

専攻科では自分の研究テーマについての学会発表があります。学士認定の試験においても専攻科では指導教官の研究室に所属して行う特別研究が大きなウェイトを占めます。私は本科の卒業研究で陸上部の顧問教官の研究室に所属していたこともあり，引き続き専攻科での研究を受け持っていただくことができました。また1期生に陸上部の頃からよく知る先輩がいたことから，専攻科の1年目をどのように過ごしたかのアドバイスをもらうことができる環境であったこともあり，私は専攻科生活を比較的スムーズにスタートすることができました。

■ 就職活動

専攻科に進学する前から「自分は何の仕事に就きたいのか」ということについて考えていました。

そんななか，私は一つの目標を立てます。「弓削商船の卒業生がまだ誰も入社したことのない会社に入社する」というものです。

こうして目標を立てた私ですが，冒頭にも書いたように弓削商船と地元地方銀行が連携協力協定を結びました。愛媛県には船に関わる企業が多くあり，その企業の多くは銀行の取引先であるという流れのなか，専攻科生への求人があったと聞かされました。弓削商船を卒業して銀行員になるなんてまったく考えたこともありませんでしたが，まだ卒業生で銀行員になった話など聞いたこともありません。「これはやってみる価値はあるのではないか」と入行試験を受けました。結果は合格。私は卒業したら銀行員になることが決まりました。

就職についてなかなか方向が定まらなかった割に，私の就職活動はあっという間に終わってしまった印象です。学校のカリキュラム上，私たち商船学科は9月に卒業し，10月から入社することになりますが，翌年4月に入行する同学年の大学生と入行試験を受けた私は，専攻科の修了時期よりもかなり早く就職の内定が出ていた記憶があります。

■ 銀行員生活

長く慣れ親しんだ弓削商船での学生生活も終わり，銀行員生活がスタートしました。同期の行員はすでに4月に入行し新入行員研修を終えて支店に配属されていたこの時期，私は1人だけの入行式を終え，配属先の支店へと初出勤しました。

銀行での仕事は初めて聞くような言葉がたくさん並び，簿記，保険，証券などの資格も必要で，学校では習ったことのない勉強をする日々が続きました。最初の約1年は支店内での事務仕事を教わり，その後は退職まで外回りをして営業活動を行う渉外行員を務めました。

内務の仕事では，他人から回ってくる，いわゆる受身の仕事が多くを占めましたが，渉外は違います。自分で仕事を見つけるところから始まります。既存の取引先を定期的に訪問し，会話のなかで預金，貸出金，為替などの情報を収集しつつ，顧客へ商品やサービスの提案を行います。

また，新規開拓も重要な役割で，銀行の収益を伸ばす上でも新規取引先の獲得は必要不可欠です。これが銀行員の仕事で最も難しいことでした。ほぼ顧客の情報がゼロの状態からのスタートです。情報がなければ何をセールスしてよいかわかりません。まずはアポイントを取って挨拶を交わすところから始まります。時には飛び込みで訪問することもあります。その段階にすらたどり着けず，門前払いを受けることもあります。簡単には獲得できませんでしたが，その分，獲得できたときの喜びは大きい仕事でした。

渉外行員の仕事は常に目標の数字を追いかける仕事でした。1年間での目標値に基づき，それを達成するために，半年単位，月単位，週単位で目標を立て，達成のために毎日の計画を立て，少しずつ成果を積み重ねていきます。定められた期間内で目標が達成できたもの，できなかったもの，いろいろなことがありました。営業活動は顧客あっての仕事です。なかなか成果の上がらない日々が続くこともあります。達成できないまま期限を迎えたときは悔しい気持ちでいっぱいでした。

こうして日々の営業で積み重ねてきた数字ですが，定められた期間を過ぎるとまた一から新しい目標が始まります。その繰り返しに私はなかなか馴染むことができませんでした。実際には長い期間をかけて成果は少しずつでも積み重なっているのですが，一定の期間で区切り，また新しく目標が始まるとき，積み重ねた数字がまたゼロになってしまったような気がしてしまい，新しく目標へ向けてスタートを切るためのモチベーションを保てなくなっていきました。

そんな状態で仕事を続けていては良い結果が出るはずもなく，やがて「頑張ろう」という気持ちよりも，「もうできない」という気持ちが勝り，私は銀行を退職することを決めました。

また，その時期は家族の体調不良も重なり，一人暮らしの状態では環境的にも金銭的にも家族への援助が難しかったのも転職を後押しした形でした。

■ 船員生活

弓削商船を卒業したとはいえ，実際に仕事として船に携わるのは初めてのことで，慣れない仕事に苦労しました。おそらく学校で習っていたであろう耳にしたことがある言葉も，なかなか思い出せないような状態でしたが，何とか早く仕事を覚えようと上司の方に付いてまわりました。

学生時代から体力には自信があった私ですが，

それまで体を動かす仕事をしていなかったこともあり，体力的に辛いと感じることもありましたが，そんなときは苦しかった陸上部の練習を思い出しては「あの頃の練習の苦しさに比べたら，こんな疲れぐらい」と心のなかで思い，乗り越えることができました。

私が船員になっていちばん感じていることは，すべては日頃の積み重ねであるということです。船で機器のトラブルがあったとき，それに対応できるかどうかは，それまでの作業の経験・学んだことを頭が覚えているかに掛かっていると思います。また，早期に異変に気付き，未然に防ぐことも，日々同じ機器の状態を見て，覚えておくことができていなければ，正しい対処はできません。

学校で，「エンジニアは常に五感を働かせていなければならない」と教わったのは，このことなんだとわかりました。まだまだそういった能力が私に完全に備わっているとは言えませんが，日々の積み重ねを大切にするよう心掛けていきたいと思っています。

■ 自分自身のこれまでを振り返って

私は学生時代，チャレンジ精神，好奇心といった感情で，さまざまな物事を進めていたようです。これが良いように作用した部分も多くあったでしょうが，反面，悪く影響した部分もあったのではないかとも思います。心のどこかに「人は頑張ればなんだってできる」「やってできないことなんてないだろう」という，慢心とも言える部分が私のなかにあったようです。

実際に仕事に就いてみて感じることは，人には向き不向きがあります。上手くいかないこともあります。仕事で失敗することもあり，それで注意を受けたり指導を受けたりすることもあります。そんなときに「なにくそ」と負けずに頑張ることも大事ですが，失敗したことを反省し，自分を見直す謙虚な姿勢を同時に持ち合わせておくことが必要だと思います。銀行で営業をしていたときは一人で活動することが多く，自分が頑張れば頑張った分の成果が上がると思って仕事をしていました。しかし，転職を経験し，いまは少し考え方が変わってきました。何事も頑張ることはもちろん必要ですが，人一人の能力には限界があります。これは船の仕事に限らず，何の仕事においても同じなのではないでしょうか。私はいま船員になって4年目になります。少し仕事に慣れてきたところですが，それは自分一人の力ではなく，仕事を教えてくださる先輩の方々，支えてくださる同僚がいて，自分の成長があるのだと感じています。

これからも驕らず，謙虚な姿勢で日々を積み重ねていきたいと思います。

■ 商船高専の学生さんへ

ここまでに書いてきた内容ですが，私個人の感想なども多く含まれているので，多くの方に当てはまる内容ではないかもしれませんが，これを読んだ方の何かの参考になれば幸いです。

いま商船高専に在籍されている学生のみなさん，高専という環境は普通の高校，大学と異なり，同じクラスメイトと入学から卒業まで長い時間を一緒に過ごすことができ，また寮生活においても集団生活を経験することができます。これは他の教育機関ではなかなかできない貴重な体験です。また，これから商船高専へ入学を考えている方々にとって，船員を目指す上で商船高専は非常に環境の整った場所だと思います。

私が弓削商船へ進んでいちばん良かったと思うことは，何でも相談し合うことができ，助け合うことができる仲間が多く出来たことです。社会人になってからも，心から信頼の置ける仲間の存在は本当に心強いものです。これはこの先もずっと変わることのない私の貴重な財産です。

みなさんも商船高専という少し特殊な環境のなかでしかできない経験がたくさんあると思います。そのなかで何か一つ，この環境に身を置いて良かったと思えるものがある学生生活を送ってください。

外国航路の船乗り

岩本 祐輔（いわもと ゆうすけ）

広島県出身・1985年2月9日生まれ
弓削商船高等専門学校 機関学科卒（2005年）
同校 海上輸送システム専攻卒（2007年）
川崎汽船株式会社 一等機関士

■ 略歴

2005年10月弓削商船高専機関学科（以下，弓削商船）を卒業し，ちょうど卒業のタイミングで同校の海上輸送システム工学専攻科（以下，専攻科）が設立されたので，いろいろな先生，諸先輩方からの勧めがきっかけとなり，専攻科第1期として入学，2007年に卒業しました。

その後，川崎汽船株式会社へ機関士として入社，7年間海上勤務を経験し，2014年10月より東京本社で陸上勤務（いわゆる陸勤）を命じられ，約3年間勤務しております。

■ 弓削商船受験のきっかけ

大多数の方がそうであるかと思いますが，私の周りにも船員を職業としている親戚はいません。また，船員への知識や興味も皆無だった当時の私は，弓削商船ではいったい何を教えているのかといったことも一切知りませんでした。

では，どうやって弓削商船のことを知ったかというと，偶然，私の2歳上の姉が弓削商船情報学科に入学しており，当時，進学についてよく相談をしており，そこで知りました。

当時もいまも機械（とくに自動車）が好きだったので，「機械や自動車に触れる職業に就きたい」と伝えると，ならば他の工業高校や商業高校，一般の私立や公立へは行かず，弓削商船に入学すれば面白いし近道だよと言われ，実家から遠く離れた愛媛県の離島にある弓削商船の機関科へ進学を決めました。

■ 寮生活

弓削商船には遠方から進学してくる学生も多いため，寮が備わっています。

高校からの寮生活についてご両親は不安も多いかと思いますが，15歳から22歳までの共同生活は，諸先輩方から「大人になるうえで必要なこと」を教わる機会も多く，また社会人になるまえに，自身のストレス耐性を育てるうえでは，最高の環境かと思います。

私自身も7年間の寮生活を経験しましたが，諸先輩方や先生からいろいろなことを教わり，卒業後10年経ったいまでも，あの頃の生活を後悔することはありません。

■ クラブ活動

高校に入学したら部活動を頑張りたいという人も多いかと思います。

弓削商船では陸上，ラグビー，野球，サッカー，バスケットなど，グランドがかなり広く使え，設備も整っているので，やる気次第です。また，全国の高専のみを対象とした高専大会も開催されており，部活好きな学生は非常に楽しめるのではないかと思います。

私は在学中の7年間，陸上部に在籍していました。当時は，同期の陸上部員のメンバーにも恵まれ，練習も非常に熱心だったため，部内での競争も激しく，3年生からは勉強そっちのけで，ほとんど部活のことしか考えていませんでした。

いまでも鮮明に覚えているのは，努力して努力して，やっと1600mリレーで高専全国大会の決勝に残れたことです。結果としては，7位と残念でしたが，その当時は決勝に残ることが前々より受け継がれた目標でした。運動や勉強などでよく言われるフレーズですが，「努力は絶対に嘘をつかない」を実感した瞬間でした。

■ 練習船での生活

私が実習していた頃は蒸気機関船の大成丸が在籍しており，大成丸，青雲丸，銀河丸，日本丸と，さまざまな種類の練習船に乗船することができました。

この乗船期間を通して，同期や同室かつ他校の学生，訓練所の士官および部員のみなさんとも交流を深めることができました。

また，よく言われる船酔いですが，多くの実習生がその洗礼を受け，気づけば船酔いをしなくなっているというのは有名な話です。食事がまともにできないくらい船酔いする学生もいれば，まったく平気な学生もおり，私の場合は，島育ちで日頃から船に接していたためか，そこまでの酷い船酔いを経験することなく，順調に乗船実習をこなしました。

練習船の醍醐味といえば外地への寄港ですが，私の場合は日本丸で米国オークランド，オアフ島やハワイ島へ寄港し，現地の日系人会や日本人の方と交流することができ，大変有意義な経験をすることができました。

■ 専攻科への入学

現役の本科在学中の学生さんは，「専攻科に興味はあるが，周りから2年遅れる。周りの雰囲気は就職だし」といった理由で悩んでいるのではないでしょうか。結論から申し上げると，自分も同期より2年入社が遅れていますが，その選択はいまでも「良かった」と思っています。

その理由は以下の2つです。

1. 周りの雰囲気に流されず，「本当に自分が就きたい仕事は何だ？」と自分自身を再度見つめ直すことができ，自分で納得して職業を決められる。
2. 海技についての技量や知識は個人の努力と，どれだけ厳しい状況を経験し，乗り越えたか次第であり，2年程度であればそれほど差が出ない。

当時は私も，本科卒業後は大学または専攻科へ進学するべきか，それとも就職すべきかで悩んでいました。自分の情報収集能力のなさもあり，練習船乗船前の時点ではなかなか現役の船員さんと話をする機会がなく，仕事内容や魅力などがよくわからない状況でしたので，当時は記念程度の軽い気持ちで海運大手3社のうち1社を受けてみましたが，面接や試験で上手く話すことができず，散々な結果でした。

その後，弓削商船にも専攻科が創立され，今後の進路についていろいろな先生，諸先輩方と相談するなかで，勉強はもちろんですが，自分の気持ちの整理として進学するのもよいと言われ，気づくと私自身もその気になっていました。

さらに私の両親の勧めも後押しになり，2005年10月より第1期専攻科生として，再び弓削商船へ舞い戻ってきました。

■ 専攻科での生活

当時の専攻科1期生は，同級生のみならず，就職先を辞めてまで弓削商船へ戻られた元商船科の先輩など，1学年のなかの年齢層は広く，本科時代であれば話すことも叶わない大先輩方と知り合え，また，専攻科生みんなで酒を飲み交流を深めたことも印象的でした。授業に関しても，本科時代とは違い若干高度な内容となるため，みんなで必死に勉強しました。

因（ちな）みに，専攻科を卒業し，無事に学位を授与されるためには，研究と発表が必須であり，本科からの卒業研究を継続するか，あるいは新しい課題にチャレンジするか選ぶ必要があります。私の場合は本科時代からお世話になっていた先生からの勧めもあり，継続することを選択しました。

研究発表では，学位授与条件として年4回の発表が義務であり，私の場合，準備不足のため何度も失敗し，研究室の先生から，よくお叱りを受けたことも大変印象的でしたが，それよりも印象的だったのは，東京大学内の講堂で研究テーマを発表する機会があり，大きなプレッシャーのなかで自分の体調や頭のなかの整理を如何にして行うかを学ばせていただいたことです。通常，普通の大学でも，東京大学まで行って学会発表する経験は，まずできないだろうと思います。

■ 就職活動

私の場合，航海訓練所での経験で「船乗りって楽しいな」と思えたほうだったので，第1目標は外航船員の職に就くこととしました。就職活動では川崎汽船と他大手海運会社の2社を受けましたが，最終的には川崎汽船一本に絞り，なんとか内定をいただくことができました。

因みに，海運会社以外の就職先は，もし可能であれば自動車メーカーや食品メーカー，油圧機器メーカーに勤めようと考えていました。本科機関科時代であれば，エンジニアと言えば船員もしくはエンジンメーカーくらいしか思いつかなかったのですが，陸上にもエンジニア業はたくさんあると知ることができたのも，専攻科へ進学して，いろいろな世界を知ることができたためです。

■ 船員生活の始まり

2007年10月からいよいよ船員としての生活が始まりました。

因みに，私のデビュー船は2008年に乗船した大型油槽船（VLCC）の“最上川”であり，乗船中はいろいろな知識，技術を諸先輩方から海技の伝承として教えていただきました。

VLCCは陸地から離れた沖合で荷役を行うので，乗船期間のほとんどを船上で過ごしましたが，VLCCやLNG船以外の社船でも上陸しにくい船ばかりではないので，あまり心配しなくてもよいと思います。また，最近では船上でも衛星経由で海上ブロードバンドが使え，船員の福利厚生も改善されてきているので，正直あまり不自由は感じません。乗船期間や船員としての期間も短くなる傾向にあり，社会人生活の大半が陸上での生活です。

また，弊社と関連会社では，弓削商船OBで結成している弓削会も活動しており，定期的に集まり，情報交換をしていますので，川崎汽船へ内定が決まった折には，私たち弓削商船OBまでご連絡ください。

■ まとめ

上記のように，いろいろと寄り道をし，結果的に船員の職業につきましたが，弓削商船へ入学したことや，専攻科への進学を選択したこと，また最終的に海運会社を選択したことに後悔はしておりません。

在学中の学生さんに専攻科への進学を勧めるか否かは，各自が何をしたいか，どんな性格かなどによりますが，私の場合は，本科では経験できなかったことを，専攻科へ進学することで経験でき，それによって自分の経験値や知識の幅を大きく広げるキッカケになったと感じております。

海事技術専門官になりませんか

築山 直樹（つきやま なおき）

岡山県出身・1966年5月生まれ
広島商船高等専門学校 航海学科卒（1987年）
外務省 在ラスパルマス領事事務所 一等書記官兼領事

私は，卒業後，国土交通省近畿運輸局の船舶測度官を皮切りに，国土交通省海事局で船舶の総トン数の測度に関する国際対応や国内ルール作り，小型船舶検査機構へ出向した際には小型船舶に関する様々な調査研究などを，さらに関東運輸局での船舶検査官の経験を経て，現在は外務省に出向し，一等書記官兼領事としてスペイン在ラスパルマス領事事務所にて勤務しています。

さて，突然ですが，みなさんは国土交通省が行っている海事技術行政についてどれくらいご存じでしょうか。造船所や港湾に停泊している船舶の現場においては，船舶検査，船舶測度，外国船舶監督（PSC）という業務が，本省においては海事関係条約の国内への取り入れなどの国際対応や，国内規則の策定・改正，造船・舶用工業技術開発の推進などがあります。それでは，主に国土交通省の船舶技官が従事している業務について，諸先輩の体験談などを交えながら，できるだけわかりやすく紹介していきたいと思います。

■ 船舶測度

船舶の総トン数は，海事分野で欠くことのできない指標で，その総トン数の算定を行うことを測度といいます。その業務を行っているのが船舶測度官です。総トン数は安全基準，船舶職員の免許などの海事制度の適用ベースとして使われているだけではなく，船舶の総トン数も財産権などを公証するものとして法務局に登記されるなど，40以上の法律で広く使われています。このため，船舶測度官には常に適正に総トン数を算定することが求められていて，その責任はたいへん重く，また，その分やりがいのある業務だと思います。

実際の測度業務の流れを簡単に説明すると，まずは，船舶所有者または造船者から一般配置図，線図，構造図など，測度に必要な図面を提出してもらい，その図面から規則の適用が正しいか詳細に確認（図面審査）していきます。提出される図面を積み上げると，国内で使用する総トン数のみを算定すればよい内航船であれば10から20cmくらいの高さで済みますが，スエズやパナマ運河を通航するような外航船になるとその運河トン数や載貨重量トン数などの算定も求められ，その図面は段ボール一箱くらいになり，確認も一苦労です。このときに規則の適用間違いがあれば，造船者や設計者と必要な調整を行っていきます。また，図面審査によってあらかじめ船舶の様子を把握しておくことは，現場で的確かつ効率的に計測するためにもとても重要な作業です。慣れてくると複雑な曲面で形づくられる船の形を表すための線図や船体や上部構造図などを見るだけで立体的な船舶の様子を思い浮かべることができるようになってきます。図面審査が終わると現場実測とトン数計算を行います。まず，造船所で建造中の船舶に赴き，船体や甲板室などの寸法データを漏れのないよう収集して総トン数を算定します。総トン数が決まれば，登記に必要な船舶件名書や，外航船であれば国際航海をするために必要な条約証書も作成し交付します。これで，ひとまず測度は完了しますが，就航後の日本船舶や外国船舶に対しても総トン数の適正利用の確認のための立入りを実施しています。違反船に対しては行政指導を行い是正させる大切な業務も行っています。

船舶測度は，縁の下の力持ち的な業務ですが，公正・中立な行政や財産権の基盤を支えている大事な業務であり，とても誇りにできる業務と思います。

■ **船舶検査**—協力：眞下 翼／弓削商船高専卒（2004年）

船舶検査とは，主として人命の安全，船舶の堪航（たんこう）性および海洋環境の保護を目的として行う，陸上で例えると車検のような制度で，定期的に船舶の状態などを検査する制度です。この船舶検査を行うのが船舶検査官です。日本国籍の船舶の船舶検査は，基本的に国の船舶検査官が行いますが，船級船の検査は船級協会の検査員が検査を行うことが船舶安全法で認められています。

船舶検査官は，現場中心の仕事ですので，毎日造船所またはメーカーに赴いてさまざまな船舶または機器類の検査を行います。船舶検査は大きく分けて修繕船と新造船に分けられます。修繕船では船種や船齢，検査の種類に応じて検査内容が変わりますが，船底の状態をテストハンマーで叩いて音を聞いて調べたり，目で見て凹みや傷，割れなどないかどうか全体を検査します。また，プロペラや舵，アンカーやアンカーチェーンなども同時に検査します。船内では，タンクなどの内部構造について船底と同様に検査を行い，内部腐食の進行状況などをチェックします。機関室では，主機，補助機関，各種のポンプ類など，多くの機器類の解放状態について検査し，継続使用または部品の取替を指示します。その他，船橋の航海計器などの設備，救命および消防設備などについて検査を行います。また，上記のようなハード面の検査の他，船舶の安全運航に資するためのマニュアルおよび手順書が適切であり，会社および乗組員がそれを遵守しているかについてのソフト面の検査も行っています。新造船を担当する際は，船が建造に着手する前の段階から，設計図面が関係する法令に構造・設備などが適合しているかについて確認すると同時に，今後の検査の進めかたについてドックの担当者と打ち合わせを行っていきます。

船舶検査の目的を達成するために，船舶検査官は国際条約を取り入れた多くの海事関連法令を理解する必要があります。これら多くの法令等は興味や疑問を持って読んだり，先輩検査官に教わったりしながら段々と身に付いてきます。とくに新造船の担当検査官になると，最初から最後までのすべてを網羅する必要があり，いつの間にか知識は相当量増えています。難解な法律を読み込んで，船長やドックの方などに説明を行い，感謝されたときは本当にうれしく思います。また検査時にドックの担当者が見逃している部分などを指摘して，「やはり船舶検査は重要だ」と言われたときはたいへんうれしいものです。

船舶検査官とは，何も起こらない，起こさないという普遍的な日常を目指して検査を行っていくものだと考えます。そのために，船舶全般の安全・環境保護を考えながら一隻ずつ検査を行い，船舶が安全に航行に資することに貢献することにやりがいを感じるのだと思います。

■ **外国船舶監督（PSC）**—協力：伏見 慎一／富山商船高専卒（1981年）

PSCとは，ポート・ステート・コントロール（Port State Control）の略で，日本語に直せば「寄港国による監督」といい，寄港国政府職員が入港した外国籍船に対して，船舶の構造・設備および海洋汚染防止機器ならびに船員の資格要件などが国際条約に適合しているかどうかについて検査することをいいます。

各種の規制や税制の緩やかな，いわゆる「便宜置籍国」を旗国とする船舶の中には，海運秩序を無視して，国際条約に定める基準に適合しないサブスタンダード船として運航されるものがあり，世界各地でこれらによる海難事故や海洋汚染事故が後を絶ちません。そのため国際海事機関では，旗国による海事行政(船舶検査・海技試験制度)の強化を図らせることを求めているとともに，これを補完する第二の方策として，条約に適合しないサブスタンダード船を，寄港国において外国からの指摘により是正させることが極めて有効であるとして，寄港国の権利としてPSCを実施することを認めています。

今まで約10年近くPSC業務に携わり，1000隻以上の外国籍船の検査を行ってきましたが，記憶に残るのは北海道釧路勤務時代に見たロシア船です。外観は赤錆だらけですが，思ったより鋼板は厚く頑丈で，乗組員も一見怖そうなのですが，日本政府の検査官だというと例外なく緊張した面持ちで真摯な態度で接してくれました。覚えたロシア語がズドラストビーチェ（こんにちは)，スパシーバ(ありがとう)，ダスピターニャ（さようなら)，カルタ(海図)です。

最近では1966年に建造され，ロシア人が乗り組んでいるカリブ海の小国St. Kitts＆Nevis籍船を検査しました。私が紅顔可憐な少年として富山の学舎で勉強にスポーツに打ち込んでいた頃から運航されていた船です。さすがに船齢42年の彼女は検査において数々の重大な欠陥が発見され航行停止処分になりました。

中国人乗り組みのカンボジア籍船では英語と漢字による筆談(これが効果的)で検査を行います。10年前は英語が話せない乗組員がほとんどでしたが，最近は若い優秀な船員が乗り組んでいて，中国沿海部の目覚ましい発展とともに，船員の質も上がってきたなあという感じがします。しかし，なかには海図も積んでおらずGPSで中国から入港してきたと胸を張る船もたまにいます(もちろん条約違反)。このような船舶が事故を起こさないのが不思議なくらいです。

その他，欧米の船長はほとんどが紳士ですが，なかにはPSCに対して嫌悪感を持たれている方もおり，こちらが妙に気を遣って，検査終了後は疲労感が残ることがあります。

重大な欠陥が発見された場合は，船の状況が如何に危険かを船長に説明や説得したり，時には口論になるときがあります。反対に乗組員の家族の話やスポーツの話に華が咲くこともあります。検査中いろいろ争いがあっても，船長が我々の判断を理解してくれ，最後に本船を離れるとき，お互いにこやかに固い握手で下船したときには，何ともいえない充実感もあります。

PSC業務は文化の違う外国人に対してコントロールをかけるという困難を伴う仕事ですが，その反面国際的な業務であり，その達成感は大きいと思います。

■ 海事技術専門官の導入と研修

ここまで，船舶検査官，船舶測度官，外国船舶検査官の業務について紹介してきましたが，2006年から日々変動する行政ニーズに対応するために海事技術専門官としてこれら3つの執行官を統合しました。もちろん，業務に必要な知識習得のための研修制度を設けており，行政官としての一般的な研修に加えて海事技術職員として船舶分野を中心とした専門知識のほか，安全・環境保全分野や内･外部組織に対する監査のための研修など，知識向上のためのメニューも充実しています。このように，海事技術専門官としての知識の深化やスキルアップをシステマチックにサポートしています。

■ 海外駐在

現在，勤務している在ラスパルマス領事事務所では，当地が日本漁船の燃料･食料の補給や定期的な保守・整備基地として古くから利用されていることもあって，外務省の邦人保護などの領事事務の他に，前述の船舶検査に加え船員の雇用契約の届け出などの国土交通省の事務についても国内と同様に行っています。船舶検査などの業務も行っているその他の主な在外公館として，上海（中国），シンガポール，スラバヤ（インドネシア），リマ（ペルー）などで働いている仲間も少なくありません。

このほかにも，我が国が海事に関する国際的なルール作りをリードするため，IMOなどでの国際会議に参加する機会や，国際海事大学（スウェーデン）などへの留学制度もあり，活躍の場は国内にとどまりません。

このように海事技術行政は，これまでの私の30年に亘る公務員生活でも裏付けされたように，船員の養成教育で得られた知識や経験を十分に活かせる業務だと確信しています。また，そういった人材を国土交通省は必要としています。ぜひ私たちと一緒に働きませんか。

外航船の航海士として

野間 祐次（のま ゆうじ）

愛媛県出身・1980年6月生まれ
弓削商船高等専門学校 航海コース卒（2001年）
神戸商船大学 商船システム学課程 航海学コース卒（2004年）
株式会社商船三井 一等航海士

「将来は船乗りになって，父親と船に乗りたい」，これが私の小学校1年生のときの文集に書かれている将来の夢です。

このとき本当に船員になりたかったのか定かではありませんが，父親がしている仕事を見たとき，それに憧れ，かっこいいと思ったことは確かです。また，いま考えれば，凄くコンパクトな499トン，50mを多少超える船ですが，当時の私にとっては衝撃的と言えるほど大きいものであったことを鮮明に覚えています。

ただし，ご承知のとおり，内航船の機関長とはいえ「船員」です。当時から乗船期間は短くても6か月ほどあり，幼い自分には父親が留守でいない時間が長く感じられていたように思います。それでも下船してくるとわかれば，可能な限り地元の港に迎えに行きました。着岸後に設置された舷梯を渡り，一直線に機関室に向かいます。そこで父親が機関室内にある大きな機械を順番に停止していくのを，ただただ眺めていました。そこから船橋やオンデッキ上，錨を見たりして，少しの間，本船上で時間を過ごしました。そう考えると，やはり当時から船が好きだったのだと思います。

中学に入学，何気ない毎日を過ごし高校受験になったとき，とくに何の疑問も持つことなく弓削商船を受験しました。視野が狭かった，外に目が向かなかったと言われればそうなのかもしれませんが，それ以外の選択肢は頭の中にありませんでした。

無事に合格。家からフェリーで通えたこともあり，通学を選択しました。毎日45分，往復1時間半ほど船に揺られて通学していましたが，幸いにも船酔いする体質ではなかったようで，船での通学が苦になることはありませんでした。会社に入って乗船してからも船酔いをしたことはなく，丈夫な身体に産んでくれた親に感謝しています。

高専では航機両用教育であったため，最初は「航海学」「機関学」の両方の勉強をしていました。この頃は，多分このまま船員になるのだろうな，と漠然と思ってはいたものの，航機どちらという具体的なものはなく，ただ勉強している日々が続きました。そんななか，初めての練習船「弓削丸」での乗船実習の日がやってきました。いろいろ戸惑いながら練習船での実習をこなしましたが，機関室での座学や実習に比べて，船橋から見る他の船や周りの風景のほうが印象的だったのを覚えています。このときから自分は航海学科のほうに進み将来は航海士になるのかなと，漠然とではありますが考えるようになった気がします。

4年生のときに航海学科を選択，それから免状取得のための筆記試験もまずまず順調にこなし，いざ就職活動を考えたときに，少し迷っている自分がいました。船員になろうという気持ちに変化はありませんでしたが，では「どの船会社に」と考えたときに，ここ！というものを持っていませんでした。

迷った末に出した結果が大学へ行くことでした。弓削商船から神戸商船大学に編入，ここで勉強はもちろん，いま一度自分を見つめ直す時間をつくることにしました。

大学生活も半年が過ぎ，卒業論文作成のための研究室に入ったときのことでした。さすがに就活はしないといけませんし，就職まで2年を切っていたこともあり，同期や大学の先輩たち，研究室の先生と今後の進路についての会話になりました。すると，実は自分の研究室の先生が商船三井のOBだということを知りました。そこからいろいろな話を聞き，夏休みにある会社のインターンシップにも参加することにしました。もしかしたら他の人に比べて遅いのかもしれませんが，漠然としか考えていなかった就職に，しっかり向き合えるようになったのはこのときからです。高専卒業時点で3級海技士の免状を取得していた私は，大学で訓練船に乗る必要はありませんでした。このため，大学に残っている時間を利用していろいろな会社概要を見るようになり，また諸先輩方の話を聞く時間が十分にありました。この時間が自分のその後を決める「転機」になりました。

神戸商船大学を卒業し，2004年に商船三井に入社しました。入社したときは，たくさんの船種に乗り，いろいろ経験してみたいと思っていましたが，幸運にも若いうちはこれが十分に叶うような配乗になりました。私は同じランクで同じ船種に乗船したことはなく，三等航海士では原油船，コンテナ船，LNG船に乗船し，二等航海士としてLNG船，原油船，LPG船，コンテナ船とチップ船に乗船，どちらかと言うと同じ船種にばかり乗る「スペシャリスト」ではなく，いろいろな船種を経験する「ジェネラリスト」として育ってきました。結局どちらが良かったのかはわかりませんが，当初からいろいろな船種を経験したいと思っていた私にとっては，非常に良かったと思っています。

仕事については，やはり最初は非常に苦労しました。学生のときに勉強していたことが基礎の基礎であることはわかっていましたし，これからが本当の仕事であり業務であることは充分に理解していたつもりでしたが，最初の業務はその想像をはるかに超えるものでした。

最初に乗船することになったのは原油船でした。見習いの次席三等航海士として乗船することになり本船に向かっていましたが，乗船前にすでにその船の存在感，雰囲気に呑まれていました。初乗船地は四日市，通船乗り場から通船ボートで本船まで向かうのですが，向かっていく先にある巨大な黒い物体に圧倒されました。長さ330m，幅60m，深さ28mの船が私の前にそびえ立っていました。乗船前に研修所でしっかり原油船について学んできて，それをこれから実践するはずでしたが，その瞬間はすべてのことを忘れていたように思います。最初の揚荷役はただただ茫然としていました。三等航海士の横に並び，貨物である原油の状態やいまの揚荷役の流れ，バラストの状態についてもいろいろ教えていただきましたが，ほとんど頭に入ってきませんでした。このときは乗ってきたばかりということもあるかと思いますが，恐らく乗組員から航海士として見られていなかったと思います。私自身も何もできずただのお客さんになっていることを痛感していました。また彼らがしゃべる英語にも苦労しました。もちろん英語が苦手であったこともありますが，このときばかりは高専・大学でもっとしっかり勉強しておけばよかったと思いました。いま思えば，非常に簡単な英語でシンプルに伝えてくれていたのでしょうが，それを理解することもできませんでした。ただ，最初に一緒に乗船したフィリピン人は非常に親切でした。デッキ上へ現場の確認に行けば声をかけてくれて，わからない部分の名称や場所を教えてくれたり，仕事に行けばいつでもサポートしてくれました。「百聞は一見にしかず」，上長からいつも，資料を見ることはもちろん大事だが，その後には必ず現場を見ろと教えられていましたが，当時の自分は知らないことばかりで，その重要性を改めて認識しました。

最初に乗船した船で経験したすべての出来事が自分の土台になっていることは間違いありませんが，当時一緒に乗船した船長と一等航海士は厳しく，正直何度も心が折れかけました。ただ非常に大事なこともいくつも教えてくれました。

そのなかでも，何度も言われた言葉で，かついちばん印象に残っているのが「人命に対する責任を持つ」ということです。練習船に乗った人は経験していると思いますが，船橋での航海当直に入る前には，サブワッチ，見張り，レーダー当番といったそれぞれの役割を担うことになっています。本来そのすべてには「責任」があり，それを背負わなければなりませんが，学生であり，ましてやその場に教官がいれば，その責任を感じることはありません。実際に私も当時その役割を全うすることは考えていても，責任を負うことについてしっかり向き合ったり考えたりしたことはありませんでした。

ただ，社船の航海士となれば話は別です。乗船した船には自分も含め22名の乗組員がいましたが，そのすべての人員の「命」を背負うことになります。一般的に三等航海士は1日24時間のうち，8-12と20-24時の8時間の当直を担います。その時間に船橋にいるのは，航海士である自分と一緒に見張りをしてくれる甲板手がいて2名での当直ですが，当然「責任」を持つのは航海士になります。それを言われたときに大きなプレッシャーを感じましたが，どのように対応すべきかイメージが湧きませんでした。自分自身は真面目に仕事をこなしたつもりですが，「学生気分が抜けてない」「そんな仕事ぶりでは人命を預けることはできない」と何度も言われました。経験に裏付けされるものがなく，何をやっても「自信」がなかったので，それが表情や態度に出ていたのかもしれません。ただ，そんな時を過ごしたからこそ，人命を最優先することや怪我をしないこと，させないことに，とくに気を

遣うようになったと思います。

もう一つ最初の船で良かったのは入渠を経験できたことでした。まったく経験のない私でしたが，本船でシンガポールのドックへの入渠を経験することができました。入渠の準備から終了するまで立ち会うことになり，11か月を少し越える長期乗船になりましたが，自分にとっては非常にいい経験であり，仕事をしていく上での自信にもなりました。入渠中には普段の航海中にできないことや，立ち入ることができない箇所もメンテナンスの対象になりますが，航海中のガスフリーを実施・経験できたこと，およびカーゴタンクに入ることができたことは大きな財産になりました。ただ，この作業は体力勝負でした。航海中には当直をこなしながら，それ以外の時間はガスフリー作業に従事しました。それが終わってドックに入渠しても，ジュニア航海士である二等航海士と2人で，貨物艙のメンテナンスの状況や状態確認のために，高さ20数メートルあるタンクを何度も往復しました。また，それ以外の作業も，目を光らせていないと陸上作業員が勝手に実施する可能性があるし，作業がしっかり完了しているかの確認もしなければならず，本当に昼夜問わずずっと動き回っていました。その後もLNG船，LPG船など，いろんな船種でドックを4回経験しました。それを考えても，最初の船でドックに行けたことは良かったと思います。

2006年末，そろそろ二等航海士での乗船かなと思っていた頃に，初の陸上勤務を命じられました。そこは本社ではなく，MOLマリンコンサルティングというグループ会社でした。実際に命じられた作業はコンサルティング業務ではなく，練習船を始動させるための立ち上げ業務でした。この頃，海運業界は過去に類を見ない好景気に恵まれ，当社も新造船の建造ラッシュとなっていました。現在私が担当している船は40隻ほどありますが，そのうち半分以上がこの新造船ラッシュの時代に建造されたものです。ただ，ここで深刻な問題となってきたのが船員不足でした。これを受けて，当社ではフィリピン人，ベトナム人，インド人やロシア人といった外国人船員の教育に力を入れる策を打ち出し，引退し売却された練習船の銀河Ⅱを購入，当社の練習船「Spirit of MOL」として走らせることになりました。このとき一緒に業務に着任したのは，船長・機関長が1名ずつ，私を含めた航海士，機関士が1名ずつの計4名でした。

私たちに与えられた期間は4か月，その間，船内生活に関わるしおりや，乗船中に実施すべきトレーニングの内容やプログラムの作成，テストや評価の方法など，業務は多岐にわたりました。この作業でいちばん難しかったのは「インストラクターの立場になって，教育方針を考える」ことでした。自分も当然，実習生は経験しているし，また若手航海士として教育を受けてきた側なので，そちらの検討は意外とすぐにできたように思います。初期はまず，とにかく船に慣れさせること，怪我しない程度，壊さない程度になんでも触らせること。中期は航海士のアシストができるようになること，航海計画の立案ができるようになることなど。最終的には航海士なしでシングルワッチに立てるようになること，といった感じに立案し，目標は航海士として独り立ちさせることでした。一方，インストラクター側の立場で考えるのは非常に難しいことでした。基礎を教えると一言で言っても幅が広く，自分が教育してもらったことだけで十分なのか，どこまで理解させなければならないのかなどの判断も難しく，苦慮しました。また，乗船してくる実習生の経験値はそれぞれ違い，検討すべきことが多く，実習の内容を考えるだけでもいろいろ苦労しました。ただ，それも自分が上位職になって，いざ下位職の教育を実施することになったときに非常に役立ちました。結局その後，会社の判断で，教官も外国人がすることになり，教官として本船に乗船することはできませんでしたが，教育実習船の立ち上げに参加できたことは自分の大きな財産になっています。

陸上勤務をこなしたあと数隻乗船，そろそろ上位職も視野に入れ業務を実施していた2010年，二等航海士としての最後の船になりましたが，艤装員として新造船の受け取りをすることになりました。受け取りにいったのは全長302m，幅43m，約6700TEUのコンテナ船でした。このとき一緒に艤装員として配属された上位職の方々が新造船の受け取り，コンテナの乗船経験共に豊富な方ばかりで，非常に心強かったです。しかしながら，なぜか私の下に配属された三等航海士が初の乗船で，私自身は大変だなと思う一方，チャンスだなとも思いました。経験豊富な上位職の先輩からは分からないことがあれば教えてもらうことができたし，その経験を盗むことができました。また下位職の後輩に対しては，自分のそれまでの経験をフルに活かし，お互い助け合いながら業務を遂行することができました。それまで乗船してきた船のように，すでに出来上がったものに修正を加えていくわけではありません。ただの箱があるのと

同じです。そこに会社のスタンダードとなる色を加えながら，新しく自分の色に染めていくことができました。それまで経験したことのない未知の作業であり，過不足を確認する毎日でしたが，本船を自分色に染めていけるのは何にも代えがたい緊張感と達成感がありました。就航までの時間に限りがあり，そのプレッシャーと戦う日々ではありましたが，すべての準備を整え出港するまでの期間，あれほど充実している日々は他にはありませんでした。この経験もいまの自分を支えている一つだと思います。

いろいろ書かせていただきましたが，私自身は外航船員になったこと，航海士を選んだことを後悔したことはありません。機関士のように機関室内のすべてを把握するスペシャリストにはなれません。船種が変わり，貨物が変わるごとに一から勉強し，その貨物を知り，特性をつかみ，積荷・揚荷を実施する様は，どちらかといえばジェネラリストに近いと感じていますし，都度違う仕事を求められて大変な仕事だとは思っています。航海中は孤独を感じることもあるかもしれません。着岸すると代理店やお客様の対応など，対外的なものもあり，社交性を求められるのも航海士の特徴かもしれません。でも自分自身，入社当時から多くの船を経験してみたいと思っていましたし，世界中の国を回れて良かったと思っています。乗船している間360°の大海原を毎日眺めていられることを幸せだと感じていますし，それがあればどのようなトラブルに見舞われてもまた明日頑張ろうと思えます。

最後になりましたが，船員になるためには当然免状が必要ですし，いまの時代は英語も必要でしょう。内航船だからいらないというものではありません。ただ私自身は船員の仕事は魅力的だと思っています。自分は「船が好き」「海が好き」，それぐらいの気持ちでいいと思います。周りの諸先輩や先生・教官の方々に船員の魅力を聞いてみてはいかがでしょうか。

100年の海をゆく

麦谷 知美（むぎたに さとみ）

富山県出身・1995年10月生まれ
富山高等専門学校 商船学科 機関コース卒（2016年）
株式会社商船三井 三等機関士

■ はじめに

お初にお目にかかります。2016年に富山高専商船学科機関コースを卒業しました，麦谷知美と申します。現在社会人二年目，三等機関士としてLNG船二隻を経験しました。この項に名を連ねる先達と比べ，機関士として，また社会人としても経験不足な未熟者でありますが，本文書が皆様の進路選択の参考となれば幸いです。

■ 学校生活

私の育った伏木という街は，古来より北前船の往来で栄え，港町として多くの人々に親しまれてきました。街中に汽笛を響かせ，悠々と海を渡る船は街の象徴であり，知らない世界へ旅立っていくその後ろ姿は，幼い私の憧れでもありました。それから時を重ねるにつれ，船が進む原動力，そのメカニズムを学びたいと思うようになり本校に入学いたしました。

そうして，男子学生28名と女子学生13名からなる学校生活がスタートしました。と，ここまでは順調なのですが高専生活はそう甘くはいかず，お恥ずかしい話なのですが，実のところ在学中の私はとても船乗りに向いているとは言えませんでした。手先が不器用で実習では常に皆から置いて行かれ，試験も赤点ばかり，部活は文化部で体力もなく，おまけに最初の乗船実習では船酔いで寝たきりになってしまい全く実習になりませんでした。幸いにも，クラスメイトや友人に恵まれ学校生活は楽しいものでありましたが，卒業後の進路については常に大きな不安を持っていました。

そんな中，4年次に始まった練習船実習で私の人生は大きく変化することになりました。初めての大型船には日々驚くことばかりでしたが，特に最初に機関室に入った時のことは今でも忘れられません。入口のドアを開けた瞬間の熱気，油の匂い。機関室三層を突き抜け，まるで心臓のように鼓動する主機，そしてその周りを脈々と取り巻く補機の息遣いに圧倒され，プラントが生きていることに深く感動しました。実習では，仲間たちと汗を流し整備に勉強にと明け暮れ，時には船酔いもしながら，多くを学び，経験することができました。気が付けば,私は機関士を一生の職業にしたいと考えるようになっていました。

それからは海技試験と英語の勉強を行う日々が続きました。その甲斐もあってか，海技試験では一級海技士筆記に合格し，TOEICも200点以上スコアアップ，就職活動では，念願の船会社に採用していただくことが出来ました。

■ **入社**

緊張と不安の中で迎えた初乗船は何もかもが初めてのことばかりで，今でも思いだすだけで胸がドキドキします。タービンプラントを見るのが初めてだったこともあり，事前に教科書で勉強していても分からないことだらけで，乗船中は常に勉強に追われる日々でした。また，次席三等機関士から三等機関士に繰り上がる時には，これから自分の担当機器（発電機・冷凍装置・空調機器・甲板機器・電気機器・空気圧縮機・エレベーター・油圧機器，等々）を一人で整備・維持していけるのかという重圧がのしかかり，自分の実力や知識が足りないことをとても不安に感じました。自分の担当機器のトラブルを自力で解決できなければ，上長をはじめとする乗組員の方々全員の仕事を増やすことになり，船全体に迷惑が掛かってしまうからです。

そして繰り上がってしばらくしたある日，配電盤室付の空調装置がトリップするトラブルが起こりました。私が駆け付けたころには，配電盤をはじめとする室内の電気機器の熱で既に室内温度は40℃近くまで上昇していました。原因を突き止めて早く空調装置を始動させないといけない，とすぐに現場を調べましたが，装置の外見や各部の指示計，電気配線に異常は見当たらず，原因がわかりませんでした。私はすっかり焦って，自分が思いつく限りの可能性を考えましたが，どれも外れでした。自分の機器なのに，トラブルの原因すら特定できないことが情けなくて仕方ありませんでした。しかし，暗い面持ちで報告に来た私に，上長は一言「電気配線をもう一度調べなおしてみたら？」とアドバイスをくださいました。

再調査の結果，空調を発停させるための継電器の接点が一つ焼けており，三相流れるはずの電流が二相になってしまっていたため，過電流でトリップしてしまっていたことが原因でした。原因が判明したことに一安心して継電器を交換しようとしたところ，今度は予備を所持していなく交換できないことが判明しました。再び焦った私は，違う型の継電器で使える接点がないかすぐに探しましたが合う型がなく，またもや行き詰まってしまいました。すると，今度は様子を見に来てくださった先輩機関士の方に，接点をはんだ付けしたらどうかとアドバイスを頂くことができ，その後，溶けてしまった接点をはんだで肉盛りして，形を整え，なんとか空調を復旧することができました。トラブルが起きた際は全身の血の気が引きましたが，色んな方に支えて頂きながらではありますが，解決できた際には大きな達成感がありました。船内で何か不具合が起こった時，例えばそれが自分の担当機器だった場合は自分一人で対応しなければならず，なにが原因なのか，どれくらいで直せるのか，どうやって直すのかを瞬時に判断し，すぐに行動に移さなければなりません。そして，その時に自分の中にある知識や経験が生きてきて，迅速な解決に繋げてくれます。

乗船中は常に様々な出来事がありましたが，悩んだり行き詰まったりして上手く進まないことの方が多かったです。しかし，一つずつでも解決していくたびに，改善点や反省点が見え，沢山のことが学べました。

また，フィリピン人乗組員やインドネシア人乗組員からも，状況に合ったロープの結び方，溶接，旋盤，加工，そして工具の使い方や機関室内の掃除にいたるまで，数多くのことを学びました。私は英語でのコミュニケーションに不安があったのですが，彼らはそんなことを気にする必要がないくらいに陽気に，そして多くのジェスチャーを交えて色んなことを話してくれました。家族のこと，趣味のこと，自分の夢のこと等，異文化に触れる機会の少なかった私には全てが新鮮でした。彼らと親睦を深めるにつれ，彼らに教わるだけでなく，私自身が彼らに色んなことを教え，危険から遠ざけるように導いてゆけるエンジニアになりたいと思いました。

私は日々学ぶこと，反省することが多い毎日ですが，そのすべての経験を糧に成長してゆけることが嬉しく，機関士としての技術の幅が増えてゆくことがただただ喜ばしいです。私もいつか自分にアドバイスをくださった方々のような機関士になるため，精進を続けてゆきたいです。

■ 高専生の皆様へ

私が学生時代に進路を決める時考えたのは，人生の最後に自分自身に胸を張って生きたといえるか，ということでした。長くて一世紀の人生，おおよそ100年もの時間で何ができるだろう。老いても色あせない素晴らしい経験を積むにはどうしたらよいのか。考える時間はたくさんありましたが，私の場合は半年間の乗船実習での経験があまりに鮮烈で他の道が考えられなくなり，この道を選択しました。汗だくになり，油にまみれて，それでも諦めずに機械と向き合い，船の運航に繋げるその仕事は決して表に出ることはなく，目立つこともありません。しかし，己の腕一つであらゆる問題を解決し，縁の下の力持ちとして船を支える姿に憧れを抱き，自分もそうなりたいと強く思いました。

そうして社会人二年目を迎えた私ですが，仕事はやはり常に楽しいことばかりではなく，この道を選択したことを後悔したこともありました。私事になりますが，乗船中に母が病気を患いました。母が私に悟られないようにしていたこともありましたが，私は下船するまで母が病気だったこと，手術をしていたことを知りませんでした。この職業の特性上，一度乗船してしまうと半年は陸に戻れません。船をおりて家に帰った時，すっかり髪のなくなってしまった母にはとても衝撃を受けました。ニット帽を握りしめ，ごめんね，と笑う顔が目に焼き付いて今でも忘れられません。その後，二隻目の乗船の際，目に涙をためて「体に気を付けてね」と言って見送る母の，やせ細った体があまりにも小さく見え，こんな時にも傍にいてあげられない自分はなんていう親不孝者だと後悔しました。今まで自分のやりたいように生きて，家族を顧みなかった自分が嫌になりました。しかし，その後母から，家族のことを考えて治療をためらっていたこと，父に，父と私が働いているから大丈夫だと説得されたことを聞かされました。その時，もし私が同年代の友達と同じように大学生だったら母は治療をしなかったかもしれないと考えると，自分がこの道に進んだこと，自分が夢を叶えることで母に恩を返せたことがとても誇らしいことのように思えて涙がでました。今ではこの道に進んだことへの後悔は全くなく，家族の応援も受けて精一杯仕事に打ち込んでいます。

最後になりますが，今皆様の前には多くの可能性が広がっており，どんな夢にでも挑戦するチャンスがあると思います。それがどんなに困難でも，自らが本気で向き合えると思う道に思い切って体当たりしてみてもいいのではないでしょうか。どんな道に進むとしても，必ず後悔があり，挫折があると思います。しかし，皆様はそれを乗り越える力を五年間の高専生活と乗船実習で養っていると思うので，選択肢がある限り，後悔の残らないように何にでもチャレンジしてほしいです。

プラスマイナスちょっとプラスなLife at Sea!

小西 智子（こにし ともこ）

三重県出身・1983年12月生まれ
鳥羽商船高等専門学校 商船学科 航海コース卒（2004年）
日本郵船株式会社 海務グループ 調査役 船長

■ 商船高専を目指した理由

商船高専の存在を知ったのは，割合に遅く，中学三年生になってからです。外国航路に従事する航海士を夢見ていましたが，高校は一般の進学校に入り，そこから商船大学に入るつもりでいました。ところが，進学先を決めるためにたまたま見ていた一覧表の中で，ぱっと目に飛び込んできたのが，「鳥羽商船高等専門学校」の文字です。こんな学校があるのかと調べていくうちに自分のやりたいことと合っていると思い，目指すことにしました。専門的な内容がすぐ学べること，自由で独特な校風や，好きな海に近い学校であることに加え，打算的ではありますが，商船大学への編入枠があったというのもポイントです。学校案内に付き添ってくれた当時の英語の先生は，就職だけを心配していましたが，商船大学への編入を考えていることをお話しすると，では大丈夫だね，とのことで，鳥羽商船を志望することになりました。

実は，その時点では私は女性が外航船の航海士として採用されるのが難しいという認識が全くなかったのです。能天気なもので，就職が難しいという担任の先生の言葉に「女性の」という見えない前置きがあったことに全く気付かず，高専の就職率はほぼ100％を誇るのに何で就職が問題になるのかなぁ，などと考えていました。良くも悪くも現実を知らない中学生，インターネットも今ほど気軽に使える環境ではありませんでしたので，男女雇用機会均等法があるのに性別だけを理由に採用されない職業があるなどとは露ほども思っていませんでした。結局，入学後に色々な現実に向き合うことになりましたが，生来の大雑把で楽天的なO型気質にて，日本で採用されなくても外国の会社に雇ってもらえばいいや，などと考えて英語の勉強などをしておりました。

子供が能天気に進路を決めている裏側で，入学に際して母親は非常に心配していたようなのですが，見学にいった海学祭（学園祭）で，船会社の制服をパリッと着こなしたOBを見て少し安心したそうです。船乗りというのは色々なイメージが付きまといますが，「こんな素敵なOBの方がいるのね，あんな方がいるのなら，きっと大丈夫だわ」と。どこの会社の方だったのか，線の数さえ覚えていませんが，確かにとても印象的で恰好良く，あれこそ私の目指すところだ，と父母に言葉以上に伝えることが出来ました。これがポパイみたいな船乗りや，ジャック・スパローみたいな船長だったら，母の眠れぬ夜は一週間どころではすまなかったでしょう。あのとき制服で母校訪問してくださった方に感謝しております。

そんなこんなで，いっぱいの夢と憧れと少しの打算を抱いて入学を決めました。入学が決まった時は，かつて商船高専が難関校と呼ばれていた時代を知っていた大叔父がとても喜んでくれたのを今でも覚えています。

■ 高専での思い出

15歳から20歳までの多感な時期を過ごしたわけで，色々と悩みもありましたが，振り返ればよき先輩，同級生，後輩に恵まれ，楽しい日々を過ごしていました。また，学生同士の交流だけでなく，教官との交流も中学のころとは違うものがあってとても面白かったです。こうして原稿を書くにあたって，今更ながら当時の学生と教官の間の関係性というのは高専特有だったのではないかと思い返しています。

元来，私は先生に対して心理的な壁を作る性質で，友達同士みたいに先生と仲良くなって愛称で呼びあうような生徒とは相容れなかったのですが，高専に入ってからはごく自然に気が合うと感じた教官と交流が持てるようになりました。それは，教官と学生の関係がなんとも言えない絶妙なバランスの上に成り立っていたからかもしれません。10代後半の大人だか子供だか自分でもよく分かっていない微妙な年代の学生に対して，先生対生徒としてルールを強要して支配するのではなく，かといって大人だからと突き放すわけでもなく，ちょうどいい感じの距離感で接してくれる教官が多かったのです。また，中学のように先生が全員で大部屋にいる職員室システムではなく，教官がそれぞれ独立した研究室を持っていたということも大きいと思います。他の学生や教官の目を気にすることなく，放課後にふらっと訪ねて色々な話をできる雰囲気がありました。私はESS担当の女性教官の部屋を訪ねることが多く，最初の頃は英語の勉強についてのアドバイスを求めに行っていたと思うのですが，そのうちお茶を飲みながらプライベートの愚痴だの相談だのを聞いてもらうようになっていました。そんな雑談から夏休みに教官がロンドンに行くと知り，もう一人の学生と一緒に連れて行ってもらったこともあります。学校行事でも何でもなく，本当にプライベートで連れて行っていただいたのですが，今思えば18歳とはいえ学生，しかも海外初経験の二人をよく連れて行ってくれたものです。

■ **就職後の仕事内容**

就職後は，見習いの次席三等航海士として中近東のカタールから日本に液化天然ガスを運ぶ船に乗り，半年ほどで三等航海士として独り立ちしました。その後は，コンテナ船，燃料炭や鉄鉱石をばら積みで運ぶバルクキャリア，自動車船と，色々な種類の船に乗り，北米，欧州，中近東，アジア，オーストラリアと色々な海を航海してきました。7つの海とまではいかずとも，パナマ運河，スエズ運河も通っております。訪れた国は少ないですが，45か国。約6年間，航海士として海上で働き，その後，自動車船の部署で陸上勤務を4年ほど経験してから，再び海上復帰しました。

航海士の業務については，他の皆さんも書かれていることでしょうから省略して，意外と知られていないかもしれない船乗りの陸上業務について私の担当していた業務を少しご紹介いたします。一等航海士の辞令が出た2010年に，東京の本店での勤務が決まり，自動車船グループの海上輸送品質チームに着任しました。自動車を自動車船で運ぶ場合，ドライバーが新車を直接運転して船に積み込み，そのままの姿で輸送するため，傷をつけないように特別なケアが必要となります。乗組員が貨物艙内を歩くときにちょっと擦っただけでも傷になるため，そういった輸送中の貨物のダメージを減らす品質活動を行っていました。その他，貨物の積み降し作業である荷役の監査，安全に貨物を船に積載できるかどうかの引き受け判定，まだ売られていない新型車両の走行試験の立ち合い（艙内を走らせ，ダメージが発生しないこと，適切に固縛できることを確認する），貨物をどこにどういう向きで何台つけるかの積み付け計画の作成や，その計画作成に使うソフトウェアの改修作業，新造船の居住区のコンセプトの決定などを行いました。とにかく多様な業務を行いましたが，自分の意見や改善案を提案できる雰囲気があり，それを実際にさせてくれる部署だったことが幸いして，とてもやりがいのある面白い陸上勤務となりました。積み付け計画を作成するソフトウェアの改修案件では，かなり残業もし，ソフトウェア開発元と喧嘩をし，上司とも喧嘩をして，精神的にも肉体的にもきつかったのですが，そのシステムが現在も現役で動いているのを見ると嬉しく思います。喧嘩もしましたが，その担当者とは今もいい関係で，たまに集まって飲みに行ったりしています。システム改修業務の中で特許も取得しました。

■ **現役学生へのメッセージ**

高専カンファレンスやOG訪問などで学生に会うとたまに聞かれます。「憧れの仕事について，毎日楽しくて仕方ないですよね？」と。おそらく，一般的に夢をかなえて好きな仕事をしている人間というのは，そういうイメージなのでしょう。そして，こういった夢を語るべき場では，そういう風に毎日キラキラしていて，楽しくて仕方ないのです，というべきなのかもしれません。（たぶん，本当はこういうことを書くべきコラムなのでしょうが…）

ただ，本音を言ってしまうと，入社してから13年間，若い時は若い時なりの，そして責任ある立場になってからはその重責ゆえの辛い思いを経験してきました。自分の仕事に誇りは持っていますが，だからといって辛いこと，苦しいこと，眠れない夜，泣きたい日がないわけではないのです。中には障害があればあるほど楽しいと思い，輝く人がいることも知っていますが，私はごく平凡な人間なので辛い時は素直に辛いです。ですから，現実的には，辛いことと楽しいこと，プラスマイナスでちょっとプラス。毎日キラキラしてはいないけど，「やっぱりこの仕事が好き」とたまに思えるくらい。制服を着て，青い空・青い海のもとキリっと航海当直をしている日もあれば，厨房からの生ゴミ排出ラインが詰まり，どうしようもできずパイプを外して中身を掻き出す臭い日もあり，ヨーロッパで上陸して美しい街並みの中で美味しい料理に舌鼓を打つ日もあれば，乗組員が詰まらせたトイレを直す日もあります。まとまって

睡眠がとれない日の続く数か月の乗船の後に，まるまる一か月，地中海の美しい島でのんびりと過ごす休暇が来るわけです。毎日キラキラしているわけじゃないけど，総合的に考えて，「まぁ，いっか」と思えるくらいが一般的にいう幸せに仕事をしているというレベルではないでしょうか。

それから，これはごく個人的なポリシーですが，幸せに仕事を続けるために「人生を犠牲にして仕事をすること」はやめようと思っています。これは，他人がどう思うかではなくて，自分自身がそれを犠牲と思うのかどうか，です。よく「どれだけ苦労したか？」「何を犠牲にしてここまで来たか？」を聞かれがちですが，私自身は何かを犠牲にして仕事をしてきたつもりはなく，これからもそうするつもりはありません。辛いこともあって，楽しいこともあるのは当たり前，その辛いことが自分で選択した道・結果である限り，犠牲だとは思いません。自分が何かを犠牲にして仕事をしている，と考え始めると，全てが苦しく，後ろ向きになってしまいます。辛いことがたくさんあるとき，大変なときにものをいうのは，結局のところ気力！そんなとき，自分が何かを犠牲にしていると思って仕事をしていると，その気力が湧かないのです。

学生の皆様が，やりがいのある仕事のもとで素敵な人生を歩まれることを祈念いたします。

三級水先人という道

政宗 夏帆（まさむね かほ）

広島県出身・1995年5月生まれ
弓削商船高等専門学校 商船学科 航海コース卒（2016年）
一般財団法人海技振興センター 三級水先修業生
川崎汽船株式会社へ出向（2016～2018年）次席三等航海士

■ 商船高専入学

航海士という職業があるということを初めて知ったのは，中学二年生の時でした。きっかけは，中学校で配られた，学校紹介のパンフレットです。幼いころから海に親しみ，将来はヨット乗りになりたいと考えていた私にとって，海の上で仕事ができる航海士･機関士を養成する商船高専は，お誂え向きでした。全国に五商船あるうちの弓削を選んだ理由は，一番田舎そうだったからでした。

入学してから真っ先に抱いた思いは，「海と山と学校しかない…」でした。実際，弓削島には遊ぶところもお店もなく，休日は部活するか，寮で過ごすか，遠出するかという選択肢しかありませんでした。今思い返せば，島内には誘惑するものがないため，部活動や勉学に専念できる，いい環境だったと思います。

■ ヨット部での経験

入学して間もなく，興味のあったヨット部に入部しました。ヨットといえばクルーザーヨットを思い浮かべていた私にとって，ディンギーと呼ばれる，競技用のヨットに乗るのは初めてでした。1年生のうちは，練習中に十数回海に落ちることは日常茶飯事でした。ただ漂流しているだけに感じる弱風の日も，あまりのスピードと脚の痛みに命の危険さえ感じる強風の日も，みぞれ降りしきるクリスマスの日でさえも，積極的に合宿や練習，大会に参加し，腕を磨いていきました。

五年間部活動を続け，忍耐力とコツコツ努力を積み重ねる，継続する力がついたと思います。何より，高専生活を振り返って，これは頑張った！と胸を張って言えるような経験となりました。

■ **航海訓練所**

5年半の座学を終え，航海訓練所での航海実習が始まりました。他商船高専や商船大学，海上技術短期大学の人たちと一緒に実習を受けます。一番印象に残っているのは，帆船海王丸での実習です。帆を展開するときにはマストに登り，不安定な足場のなか帆を開きます。進路を変えて風向きが変われば，太いロープをみんなで引っ張って帆桁の向きを変えます。「わっしょい！わっしょい！」とみんなで声を張り上げながらロープを引っ張ります。また，裸足で甲板上を駆け回ったり，足の裏の痛みに耐えながらマストに登ったりと，大変でしたが，みんなで船を動かしているという実感が出て楽しかったです。

航海当直では，班ごとに入り，操舵当番，見張り当番，レーダー当番，操船指揮をするサブワッチなど，役割に分かれて当直をします。サブワッチをリーダーとし，各当番が他船の有無や動向，周囲の状況等について報告をします。サブワッチは操船指揮を持つので，状況に応じて変針したり汽笛を鳴らして注意喚起をしたりします。士官の監督のもと行いますが，自分で操船しているという実感が湧き，とてもやりがいがあります。

私たちの代では，遠洋航海は汽船銀河丸で行きました。東京港を出港し，太平洋を横断してハワイへと向かいました。出港直後，時化ていたため船の縦揺れ，横揺れがひどく，船酔いしてしまいました。一日中船酔いに苦しみ，ごはんを満足に食べることもできず，ふらふらしている状態が5日ほど続きました。しかし船酔いは慣れます。慣れれば，船酔いしていたのが嘘だったかのように元気になります。

遠洋航海中は自船の位置を，星や太陽などの天体を観測し，計算することによって導き出します。六分儀と呼ばれる機器で天体の高度を測ります。毎日，船橋の横のウイングや上のフライングブリッジにみんな出て，士官の笛の合図で一斉に値を取ります。その後，船橋の後ろの机で各自計算を始めます。この天測計算がひたすら続きます。航海当直自体はのんびりイルカやクジラを眺めたり，星を眺めたりとのんびりしたものでしたが，天測計算だけは私は苦手でした。

13日間の航海を終え，ハワイに到着した時はとても嬉しかったです。入港中は2,3日休みがもらえ，

みんな嬉々としてハワイ観光を楽しみました。ハワイに限らず，北海道や奄美大島，神戸など，練習船での航海実習では様々な港に入港し，上陸できるので，それも楽しみの一つでした。

■ 就活

就職活動は4年生の終わりから5年生の春にかけて行いました。同級生の中には，希望する会社の社長とご飯を食べに行き，話をした後，採用されたという人もいました。もちろん，それは中小の海運会社に限られますが，その話を聞いて，私は少し羨ましく感じました。というのも，4年生の後期，目星をつけた内航の海運会社何社かにメールで問い合わせたところ，「設備上の理由で，女性船員を採用していない」と返信が来たからです。大手海運会社や，中小の海運会社でも女性を採用している会社はあるのですが，たまたま私がメールを送った会社は採用していないようでした。そのため，就職先は無いのかと落ちこんだこともありました。

しかし，学校で参加した「三級水先人養成制度」の説明会で，衝撃を受けました。水先人という職業は，今までは船長として実務を重ねないとなれないものでした。しかし，平成19年から制度が変わり，新卒でも養成課程を終えれば水先人になることができるようになりました。説明会に参加してから，水先人に興味が湧き，現場見学会に参加したり，三級水先人の方にお話を伺ったりしました。仕事後は家に帰られるということ，様々な船種，様々な国籍の人が乗っている船に乗れるということ，そして給料が高いところに魅かれ，三級水先人を目指すことにしました。

■ 川崎汽船へ出向

水先修業生として採用されてすぐに，川崎汽船へ出向となりました。養成課程のうち，初めの2年間は大手3社のいずれかに出向となり商船乗船実習が始まります。次席三等航海士として1年以上の乗船履歴を付けます。いくつか研修を川崎汽船研修所で終えたのち，乗船となりました。初めての船は，BROOKLYN BRIDGEというコンテナ船でした。初めは分からないことだ

らけで，航訓の練習船とは規模が違う大きさに驚き，また部員が皆フィリピン人ということに戸惑いました。

乗船後2か月ほどは，三等航海士や二等航海士と一緒に当直に入っていました。そこで普段の当直業務や機器取り扱い等について教えていただき，徐々に慣れてきたところで，単独で当直に入ることになりました。朝の4時～8時，夕方の4時～8時の当直です。日出前と日没後の暗い時間帯は，ABと呼ばれるフィリピン人の操舵手と共に当直に入りますが，それ以外の時間は一人です。他船からVHFで呼ばれたり，また自分の方から他船を呼び出して意図を聞き，避航したり，漁具や漁船を避けたり。初めはVHFでの英語が聞き取れなくて何度も聞き返したり，他の航海士の力を借りたりしていましたが，数をこなすうちに慣れていき，問題なく行うことができるようになりました。

4-8ワッチの醍醐味は，日出と日没が毎日見られること，明るい時間と暗い時間の両方ワッチができることだと思います。遠洋航海中は，他船とすれ違うことが滅多にないので，余裕ができます。360度見渡す限りの水平線。そこから太陽の出没を眺め，夜になると満天の星を眺め，毎日見ていても飽きませんでした。

私が乗っていたコンテナ船の航路は，日本～中国～韓国～オーストラリアでした。航路の中で最も難関だったのは，アジアサイドでした。沿岸航海のため船舶や漁船，漁具が多いためです。特に中国沖では，漁船がひしめき合い，漁具もいたるところに設置してあり，通る隙間が見つからないほどでした。乗船後5か月ほどたった時，上海沖で危ない経験をしました。

上海出港後，21ノットという高速でラングアップし，寧波という上海よりも南の港へ向けて航行していました。出入航船や漁船が多く，常に周囲の状況に気を付け，状況に応じて避航動作を取る必要がありました。輻輳する海域では，普段は一等航海士と一緒にワッチに入っていましたが，その日は乗船したばかりの次席三等航海士と入りました。私が操船権を持って操船していました。日没後，暗くなるとあたり一面点滅する光だらけでした。漁具のブイの光です。レーダー上では数えきれないほどの漁船を捉えていました。ちょうど本船が航行する航路の両脇に，壁となるように漁船群がひしめき合っていました。21ノットという高速なので，どう避けようか考えているうちに船は進みます。ゆっくり考えている暇はありません。目の前の漁具を避けながらこの先の針路を決め，航行していました。漁船群の壁に挟まれ，航行している本船の先に，2隻の同航船が横並びで航行していました。どちらも小型の内航船で，本船より遅い10ノットで航行していました。2隻に追いつき，漁船群と追い越す船舶と距離をとりながら追い越しました。十分なスペースがなく，追い越す船と漁船群との間に5ケーブル（約900メートル）ほどしか距離が取れませんでした。総トン数4万5千トンの本船の船橋から見ると，すごく近く感じます。同航船を左に見るように追い越し，2隻と横並びになったとき，右から2隻，横切り船が現れました。海上衝突予防法に則ると本船に避航義務があるため，避けないといけません。右へ大きく転舵し避けようとしましたが，レーダー上で見落としていた漁船がすぐ目の前にあり，急遽左へ舵を取り，同航船にぎりぎりまで近寄り，漁船と横切り船を避けました。結果，漁船とは1ケーブル（約180メートル），同航船や横切り船とは3ケーブル（約550メートル）の距離で航過しました。21ノットという高速で，漁船の壁と同航船に挟まれ，横切り船を避けなければならず，とても焦りました。考えているうちに船は進み，状況が変わるので，即断即決の必要がありました。危ない状況に陥る前に，先のことを予測し，余裕をもって航行すべきだったと反省しました。航海当直に入るということは，船の安全運航に責任を持つこと，その責任の大きさを感じる出来事でした。

■ **高専生へメッセージ**

長い学生生活，中だるみすることもあるかと思います。将来どの会社に行こうか，海上職に就くか陸上職に就くか，具体的なビジョンが描けていない人もいると思います。皆さんには，海技士筆記試験や第三級海上無線通信士などの資格取得に頑張ってほしいと思います。資格を取っていることにより，後々就職先を決めようとした時，選択肢が広がります。TOEICのスコアも，学生のうちに勉強し高めておくことをお勧めします。また，部活動など何か一つでも頑張ったと言えるように，悔いのないように学生生活を送ってください。女子学生の皆さん，未だ男社会の海運業へ飛び込むからには，目標に向かってくじけず頑張ってください。この先いろいろと悩むことがあっても，強い意志で進んでいってください。

商船高専を卒業し，今ここに至る

南 清和（みなみ きよかず）

大阪府出身・1966年7月生まれ
富山商船高等専門学校 航海学科卒（1987年）
東京商船大学商船学部 航海学科卒（1991年）
横浜国立大学大学院工学研究科 博士課程後期修了（1996年）
東京海洋大学 海洋工学部 教授

■ 高専時代

私は中学までを大阪の東部にて過ごしました。小学校，中学校を通じて私は勉強がよくできる方ではなく，机に向かうよりもむしろ友達と外で遊びまわっているような子供でした。中学3年生のはじめ，私は商船高等専門学校に関する紹介が記された書物を目にしました。そこには将来，船舶職員になるために学ぶことができる学校の紹介がありました。私はこのとき初めて商船高専の存在を知り，そして海を職場とする船舶職員に魅力を感じ，船舶職員を目指すべく商船高専への受験を決意し，1982年（昭和57年），富山商船高専に入学しました。

商船高専ではさまざまなことを学びました。勉強面では，月曜日から土曜日まで（当時は土曜日に授業がありました），高校の一般科目に加えて船舶に関する専門科目や実習など，たいへん多くの授業が設定されており，期末にはそれらすべてに対する試験がありました。下級生の頃の私は授業の中身が理解できず，かつ勉強に積極的ではなかったので，試験は苦戦の連続でした。ところが高学年になるにつれて専門科目の授業が多くなり，航海関連の知識を得る機会が増えるに従い，知識を得ることが楽しくなり，勉強に費やす時間が増えたことを記憶しております。

生活面では当時の商船高専は全寮制だったため，そこには朝起きて夜就寝するまで，規則と規律の下で他人と過ごす生活がありました。決められた時間に行わなければならない行動とそれに付随する点呼，一部屋に2人の同部屋生活，上級生，同級生，下級生といった他人が常にそばにいる環境，どれをとっても今日では窮屈に思える状況ですが，このような高専時代に，私は自己の問題は自己で解決しなければならないこと，そして他人とかかわり合い生活をする上での大切なもの，いわば「社会での作法」のようなものを学んだ気がします。そしてそれは，今の生活の中でもさまざまなことに対する判断を行う上で大きな基準になっている気がします。

■ 高専卒業後

商船高専4年生になった私は，多くの専門科目を受講するにつれ，可能であるならば卒業後はさらに船舶の勉強を行いたいと考えるようになりました。そして商船高専卒業後に商船大学への編入学を決意しました。

1988年（昭和63年）4月，私は編入学試験に合格し，東京商船大学（現・東京海洋大学海洋工学部）の2年生に編入学しました。編入学後は早速，先に編入学されていた，同じ富山商船高専出身の先輩にアドバイスいただき，大学の研究室を訪ねました。そこで私は教授に対して，船に関する流体力学を学びたいのでご教授願いたいと申し出ました。知識を深化させたいと希望し大学へ編入学をした私でしたので，かねてから船の理論に関係の深い流体力学を学びたいと思いこのような行動に出たのですが，商船大学では当時，4年生になってから卒業論文の指導のために研究室へやってくる学生はいても，2年生から研究室で勉学をしたいと申し出る学生はとても珍しかったようです。しかしながら教授はこの申し出を快諾してくださり，私に流体力学をはじめ船舶に関するさまざまな知識を学術的にご教授くださいました。この学術的指導を通して私は，船舶工学（旧の造船学）とそれに付随する流体力学さらには流体力学を学ぶ上で必要となる数学や物理を学ぶ難しさとそれを理解したときの楽しさを体験することができ，船舶に関する深い知識を得るという編入学時の希望が叶いました。

その後，私は学部卒業後の1991年（平成3年）に東京商船大学大学院，1993年（平成5年）には横浜国立大学大学院博士課程後期へと進学し，多くの先生や諸先輩方からさらに多くの船舶工学関連の知識をご教授いただきました。1996年（平成8年）3月に横浜国立大学大学院を修了し博士号を取得した後，同年4月より母校である東京商船大学に教官として採用されました。その後，同大学の統合などを経て，現在の東京海洋大学海洋工学部にて教員として勤務しております。

■ 現在の仕事について

東京海洋大学海洋工学部は旧東京商船大学商船学部を継承する学部であり，

主として，海洋工学とりわけ船舶および船舶に関連する技術を工学的に教授する学部です。学部において私は，専門である船舶工学に関し，船舶の構造と船舶の安定性，船舶の抵抗成分と推進性能の解析などの授業を担当しております。また，大学院においては，船型開発理論，海事安全管理論を担当しており，学部学生の卒業研究，修士課程，博士課程の大学院生に対する研究指導を行っています。研究においては，専門である船体運動解析学や数値計算力学をもとに，船舶の諸問題の解決をテーマに取り組んでいます。これまでに，船舶バラスト水の管理技術開発やバラスト水管理手法の研究や船体に付着する海洋生物に対する対策といった海洋環境関連の研究，船舶建造技術を応用した大津波に対して沿岸域で大人数が避難可能な施設（大型津波シェルター）の研究に取り組んでいます。いずれも海洋環境の保全や安全な社会生活に必要とされるものであり，私がこれまでに培った知見が少しでも社会に役立つものとなるよう日々，研究を進めています。

■ むすびに

船舶職員になることを志し商船高専に入学した私は，その後，商船高専で本当に多くのことを学ばせていただきました。そしてそこを卒業し，学び続ける機会に恵まれた私は，自分自身が興味を持つ分野においてさらに多くのことを学び，そして現在は船舶に関連した事柄を学び，教授する大学という職場にて勤務しております。結果として，船舶職員になるという商船高専入学時の夢は叶いませんでしたが，私は，新たな知識の発見と会得の機会があり，また将来を担う学生たちに接することで自分自身が学んでいける環境がある，大学での業務に日々，充実感を得ております。

今ここに至るまでの間，私は自身で多くの決断をしてきました。その決断に際して用いた基準は，勉学から生活に至るまで，日々，自分で考え，判断し，そして行動しなくてはならない商船高専時代の多くの経験が基にあると考えます。また自身が大きな判断をする際には，後に後悔しないよう，たとえ周りがどうであろうとも自身の心に決めた方向に進むことが大切であることも商船高専で学んだと思います。

現在，商船高専において学んでいる皆さんには，学生生活の中で日々，さまざまな物事に対して，ひるまず果敢にそして懸命に挑戦し，そこからいろいろな経験を得てほしいと思います。その経験がやがて自己の人生を決定する際の道標となり，社会において生きていくための指標になると思います。将来，どのような職種に就くにせよ，この経験から得られる物事への考え方は，社会において立派に通用するものです。さらに学生生活においては，遠慮することなく学べる環境を得ていることを自覚し，そこで悔いなく日々を過ごすことを忘れず，知識を蓄えるための努力を行ってください。

皆さんが活躍する未来は決して遠いものではないのです。その時までに知識と技術がしっかりと学ぶことが出来る今，商船高専での学生時代を有意義に過ごし，将来ご活躍されることを心より期待しております。

高専商船学科の卒業生は
三級海技士の筆記試験が免除されます

商船学科のある高専はすべて国立で，富山・鳥羽・弓削・広島・大島と，全国に5校あります。歴史も古く，高専制度の創設自体は1962年ですが，どの学校も百年以上の伝統を誇っています。

商船高専は第一種船舶職員養成施設に指定されています。商船学科の卒業生は，三級海技士の筆記試験が免除されます。三級海技士は外国航路の船舶（外航船）に船舶職員（航海士もしくは機関士）として乗り組むために必要な資格です。口述試験と身体検査に合格すると，晴れて三級海技士（航海か機関のいずれか）が授与され，船舶職員として勤務することができます。

5高専を合わせた学生総数は約4200名ですが全員が商船学科所属というわけではありません。1985年度以降，いずれの学校とも工業系学科を擁しており，「工業高専」としての一面も持っています。加えて，富山には環日本海諸国語（中国語・韓国語・ロシア語）や経営・経済を専攻する国際流通学科が，広島には学際的な色彩を持つ流通情報工学科が設置されています。

商船学教育の伝統の延長線上に，工業系学科や文系学科が設置されていることが商船高専の特色ではありますが，商船学科に所属する学生は実習生を含め，2017年度は5商船学科合わせて1197名（そのうち女子学生数は153名）となっています。

海をキャンパスに若人を育む

中川 浩一郎（なかがわ こういちろう）

埼玉県出身・1984年1月生まれ
鳥羽商船高等専門学校 商船学科 航海コース卒（2004年）
神戸大学海事科学部 商船システム学課程 航海学コース卒（2007年）
（独）海技教育機構 航海訓練部 実習訓練課 教務担当（次席一等航海士）

商船高専で過ごした5年半は，私の人生の中でもかなり濃密な時間であったと，今でも思っています。

■ 商船高専入学まで

生まれは東京の下町ですが，小学校に上がった時に埼玉県へ引越し，少年時代のほとんどは海のない土地で過ごしました。そのような中で，私が海や船に興味を持ったのは，父の影響が大きかったかもしれません。

私の父は海・船とは全く縁のない仕事をしていましたが，釣りを趣味としており，私は小さい頃からよく海に連れて行ってもらっていました。私の現在には，その時の記憶が強く影響しているのかもしれません。

中学生の時に所属していた野球部の顧問の先生に，昔の教え子で鳥羽商船卒の先輩がいらっしゃったのが，この学校を知るきっかけでした。その先輩に学校の様子や先生を紹介していただき，実際に校内を見学していく中で，私の中にあった海や船への憧れはどんどん強くなってきました。今思えば，中学卒業から親元を離れて鳥羽へと旅立ったことが，私の人生における一大イベントだったように思います。

■ 鳥羽商船高専

私は平成11年（1999年）に入学しましたが，当時はまだ厳しさの残る寮生活でした。しかしながら，社会人としての礼儀や作法，ルール等はあの暁寮で培われたと思っています。特に私の心に強く残っている言葉として「学生規箴」があります。

【学生規箴】

至誠一貫　率先敢闘　和親一致　責任完遂

他の海事系の学校や自衛隊等でもこの言葉を聞くことがあるかもしれませんが，我々もその例に漏れず，入寮直後にこの言葉を覚えるよう指導を受けました。

それぞれの言葉の意味を知ったのはそれからしばらく経った後のことですが，この学生規箴は今でも私の心に深く残っています。

商船高専在学中はカッター部に所属していました。残念ながら現役中に全国優勝を果たすことはできませんでしたが，その後，後輩たちの活躍により，数年間連覇を達成したという報を聞いた時は嬉しく思ったものです。その他にも，在学中には学生会や寮生会役員，世話係学生（指導寮生）等の役割をいただき，学生の身分ながら人間的にも成長させていただけたことは，今でも私の糧となっています。

これらの経験の中で得られたものは多々ありますが，中でもかけがえのない友人と出会えたことが一番だと思います。辛くも楽しい，乗船実習を含む5年半の学生時代を共に過ごした仲間たちとは今でも連絡を取り合う間柄です。もちろんその中には，乗船実習で出会った他校（富山，大島，広島，弓削）の友人たちも含まれています。練習船で，とある方に聞いた「ここで出会った仲間は，一生の友達になる」という言葉が，今でも心に残っています。

■ 大学編入学

当時は今のように高専の短期実習はなく，卒業前に1年間の連続した乗船実習を行う制度でしたので，5年生の9月までは学校での授業や卒業研究をこなす毎日を過ごしていました。当然，就職活動もその間に行う必要がありました。しかし，当時の私は自分が何をしたいのか迷っていました。船乗りにはなりたいが，外航か内航か，どの会社が良いか等，分からなくなっていた時期がありました。

一方で，高専在学中に気づいたこともありました。後輩が出来，彼らに何かを教えることに楽しさと喜びを感じるようになりました。船乗りと教職，これら全く異なる職種を天秤にかけることとなったのです。ある日私は，船会社のエントリーシートと商船大学（当時）の入学願書を並べ，自分自身を見つめなおすことにしました。

結果，大学への進学という進路を選択し，高専卒業後に大学の編入学試験を受けました。当時は卒業後の10月に入試，というスケジュールで，合否の結果が出るまでは不安だらけで，合格通知が届いた時は家族皆で喜んだことを覚えています。

そして半年後の翌年4月，私は神戸大学海事科学部3年次に編入学しました。

大学での生活も充実したものだったと思います。商船高専を卒業したことで基礎的な専門知識を有し，海技免状も取得していたものの，大学ではさらに高度な知識と技術を学ぶ機会を得られました。大学生ならではの生活を楽しみつつ，既に就職してプロの世界で活躍していた高専時代の同級生を羨ましいと思いつつも，自分の目標を見定めたのもこの頃です。

4年生となり就職活動をしていく中で，私は高専時代からの希望であった「船に乗りながら人にものを教える」職業を目指し，独立行政法人 航海訓練所（当時）で働くことを決めたのでした。

■ 練習船教官として

平成19年（2007年）4月，私は航海訓練所に採用され，陸上研修の後，銀河丸三席三等航海士（C3/O）を拝命しました。

練習船教官は「人にモノを教える」ことが仕事です。これを我々は「教務」と呼びますが，新任教官でもそれは同じで，たとえ新人であっても後輩（実習生）に専門知識や技術を教えなければなりません。これが非常に大変なことは想像に難くなく，かつ，当然ながら航海士としての仕事（＝「船務」）も遂行しなければなりません。右も左もわからないまま，あっという間に毎日が過ぎていきました。

当たり前ですが，新人の頃は誰もがほとんど何もできません。先輩や上司が面倒を見て，仕事を教えてくれますが，しばらくは失敗ばかりの日々が続きました。そんな大変な乗船勤務の中で救いとなったのは，やはり実習生たちでした。

教官として初めて一緒に乗った実習生は，海上技術学校と海上技術短期大学校の学生でした。若い三等航海士は実習生と歳が近く，また船内生活においても直接面倒を見る等で接点も多いため，業務がひと段落ついた夕刻には実習生の居室に赴き，他愛のない雑談をして過ごす日々も多々ありました。そんな彼らが，私の拙い講義や実習中の説明に耳を傾け，頷き，知識や技術を積み重ねていく様を見ると，とても嬉しく，やりがいを感じました。

多くの実習生は短くて1か月，長くても3か月の乗船期間をひと区切りとして下船していきます。乗船時には不安そうな表情だった実習生たちが，下船式では達成感と自信に満ち溢れた顔つきに変わり，大きく成長した姿で舷梯を下りていく。そんな背中を見送る度に，毎回「これからも頑張ろう」と励まされてきました。

練習船教官は，船会社の船員と同じように数か月の乗船勤務と2～3か月の休暇を繰り返します。私も1つの船に1～2年乗船し，休暇を挟んで違う船に転船というパターンで，銀河丸の他，帆船の日本丸や海王丸，汽船の大成丸や青雲丸といった練習船に乗船してきました。その中で，実習生に知識や技術を教授しつつ，自分自身のスキルも磨きながら，航海士としての経験を積んできました。

■ 学校教員として

乗船勤務だけではなく，学校における教職も経験しました。兵庫県芦屋市にある海技大学校に人事交流として2年間出向し，教員として教鞭をとりました。

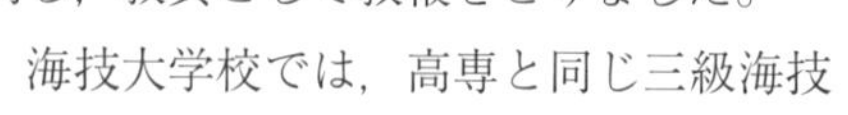

海技大学校では，高専と同じ三級海技士の養成教育だけではなく，船員に対する各種講習や実務訓練を実施しています。この中には，航海士にとって近年必須の知識，技能とされているBRM（Bridge Resource Management）訓練やECDIS（電子海図情報表示装置）講習も含まれており，プロの船員を相手とした訓練を行います。そこには初めて知る知識や日々進歩する技術も数多くあり，海技免状を取得し，自身もプロの船員となっても，勉強が必要であると実感しました。

このように，乗船勤務だけでは知ることのできなかった様々なことを学びながら，今日に至ります。

■ 海をキャンパスに若人を育む

2年間の海技大学校勤務を終えて航海訓練所に戻った私は，日本丸二等航海士を拝命し，引き続き練習船教官として実習生の教育訓練に携わりました。日本丸で出会った実習生の中には高専の学生，つまり自分の後輩たちもいました。

日本丸には，高専4年生の航海科全員と機関科の十数名が乗船します。昔とは配乗（乗船の順序）が異なりますが，練習船で行うことに変わりはありません。

航海科は帆船における作業，つまりマスト登りに代表される高所作業や帆の取り扱い要領を学び，太陽や星，そして風といった自然の力による大洋航海の中で，海を渡る術を修得します。

機関科は，主機をはじめとした機器類の構造や原理を学び，各機器の運転操作や整備作業を通してマリンエンジニアとしての技術を高めていきます。

航海訓練所は，平成28年4月に海技教育機構と統合して今の名称に変わりました。

私は現在，横浜にある海技教育機構の本部で陸上勤務をしており，主に各学校の学生や練習船の実習生に関する業務を行っています。つまり，学生が不安なく乗船実習を行えるよう，陸上から船や実習生をサポートする仕事です。

このように，私が商船高専に入学してから今日まで，制度や組織，配置等，多くの変化がありました。しかしながら，今も昔も，航海科も機関科も同じくして言えるのは，練習船実習によって得られる知識，技術はもちろんのこと，その前の学校において学んだ知識や技術，そして生活規範は，どの業界においても必要であり，社会人として有用なものであるということです。冒頭でも述べた通り，商船高専で過ごした日々は自分の人生にとって非常に濃密な時間であり，大切な思い出であったと確信しています。

これからも，船員を志し，高専の門戸を叩き，練習船の舷梯を上がってくる若人たちに出会えることを楽しみにしています。

執筆者一覧（五十音順）

一般社団法人全日本船舶職員協会（専務理事・及川武司）	第15講，第16講
秋葉貞洋　（弓削商船高等専門学校 准教授）	第9講
石田邦光　（鳥羽商船高等専門学校 教授）	第17講，第18講
伊藤友仁　（鳥羽商船高等専門学校 教授）	第1講，第19講
岩城裕之　（高知大学教育学部 准教授）	第20講
岩崎寛希　（大島商船高等専門学校 教授）	読者へのメッセージ，第2講，第3講
遠藤　真　（富山高等専門学校 名誉教授）	第2講，第11講
木下恵介　（広島商船高等専門学校 助教）	第4講
児玉敬一　（弓削商船高等専門学校 元教授）	第7講
斎藤　正　（富山高等専門学校 元助教）	第3講
清田耕司　（広島商船高等専門学校 准教授）	第5講
世登順三　（広島商船高等専門学校 元教授）	第5講
中島邦廣　（広島商船高等専門学校 名誉教授）	第6講
永本和寿　（弓削商船高等専門学校 元准教授）	第8講
野々山和宏（弓削商船高等専門学校 准教授）	第13講
松永直也　（弓削商船高等専門学校 准教授）	第9講
水井真治　（広島商船高等専門学校 教授）	第4講
三原伊文　（大島商船高等専門学校 名誉教授）	第10講
宮林茂樹　（鳥羽商船高等専門学校 元教授）	第1講，第19講
村上知弘　（弓削商船高等専門学校 教授）	第7講
薮上敦弘　（広島商船高等専門学校 助教）	第5講
山尾徳雄　（弓削商船高等専門学校 元教授）	第13講
山本桂一郎（富山高等専門学校 教授）	第12講
湯田紀男　（弓削商船高等専門学校 教授）	第8講
横田数弘　（富山高等専門学校 教授）	第3講，第14講

先輩からのメッセージ

赤瀬　渉　（旭タンカー株式会社）
岩本祐輔　（川崎汽船株式会社）
城戸裕晶　（旭海運株式会社 営業グループ 運航チーム）
小西智子　（日本郵船株式会社 海務グループ）
澤田敬生　（株式会社商船三井）
築山直樹　（外務省 在ラスパルマス領事事務所）
中川浩一郎（独立行政法人海技教育機構）
野間祐次　（株式会社商船三井）
政宗夏帆　（一般財団法人海技振興センター）
南　清和　（東京海洋大学海洋工学部 教授）
麦谷知美　（株式会社商船三井）
横田実保　（宇部興産海運株式会社）

執筆協力

五十嵐裕亮（アイシン軽金属株式会社）
岸本高太朗（福岡県警察）
宮澤優太　（オーシャントランス株式会社）

編纂委員

石田邦光　（前出）
岩崎寛希　（前出）
遠藤　真　（前出）
窪田祥朗　（鳥羽商船高等専門学校 教授）
清田耕司　（前出）
野々山和宏（前出）
濱田朋起　（広島商船高等専門学校 准教授）
村上知弘　（前出）
山本桂一郎（前出）

写真提供

Florida Center for Instructional Technology
International Maritime Organization (IMO)
海の仕事.com
川崎汽船株式会社
関西汽船株式会社
栗林商船株式会社
神戸曳船株式会社
神戸市みなと総局
国立大学法人神戸大学
株式会社商船三井
商船三井客船株式会社
国立大学法人東京海洋大学
日東タグ株式会社
公益財団法人日本海事広報協会
日本郵船株式会社
三井室町海運株式会社
三菱重工業株式会社
郵船クルーズ株式会社
横浜市港湾局

<編者紹介>

商船高専キャリア教育研究会

商船学科学生のより良きキャリアデザインを構想・研究することを目的に、2007年に結成。
富山・鳥羽・弓削・広島・大島の各商船高専に所属する教員有志が会員となって活動している。
2021年は富山高等専門学校が事務局を担当している。
連絡先：〒933-0293
富山県射水市海老江練合1-2
富山高等専門学校 商船学科 気付

ISBN978-4-303-11531-9

船しごと、海しごと。

2009年2月28日　初版発行
2018年6月20日　二訂版発行
2021年4月15日　二訂2版発行

© 2018
検印省略

編　者　商船高専キャリア教育研究会 編
発行者　岡田雄希
発行所　海文堂出版株式会社
本社　東京都文京区水道2-5-4（〒112-0005）
電話 03(3815)3291(代)　FAX 03(3815)3953
http://www.kaibundo.jp/
支社　神戸市中央区元町通3-5-10（〒650-0022）

日本書籍出版協会会員・工学書協会会員・自然科学書協会会員

PRINTED IN JAPAN　　印刷　東光整版印刷／製本　ブロケード